Berichte zur Lebensmittelsicherheit 2005

Lebensmittel-Monitoring

Gemeinsamer Bericht des Bundes und der Länder

Inhaltsverzeichnis

1	Zusammenfassung/Summary	5
2	Zielsetzung und Organisation	10
3	Monitoringplan 2005	12
	3.1 Lebensmittel- und Stoffauswahl für das Warenkorb-Monitoring	12
	3.2 Lebensmittel- und Stoffauswahl für das Projekt-Monitoring	12
	3.3 Probenahme und Analytik	12
4	Probenzahlen und Herkunft	15
5	Ergebnisse des Warenkorb-Monitorings	17
	5.1 Wurstwaren	17
	5.1 Fische	19
	5.3 Getreide	20
	5.4 Getreideerzeugnisse	21
	5.5 Ölsamen	23
	5.6 Kartoffeln	24
	5.7 Kartoffelprodukte	25
	5.8 Blattgemüse	25
	5.9 Sprossgemüse	26
	5.10 Fruchtgemüse	28
	5.11 Wurzelgemüse	28
	5.12 Pilzerzeugnisse	29
	5.13 Kernobst	30
	5.14 Steinobst	31
	5.15 Zitrusfrüchte	32
	5.16 Fruchtsäfte	34
	5.17 Weine	35
	5.18 Süßwaren	36
6	Ergebnisse des Projekt-Monitorings	38
	6.1 P01: Furan in Lebensmitteln	38
	6.2 P02: Carbendazim in Fruchtsäften	39
	6.3 P03: Glykosidalkaloide in Kartoffeln	40
	6.4 P04: Blei und Cadmium in bestimmten Nahrungsergänzungsmitteln	41
	6.5 P05: Pflanzenschutzmittelrückstände in Tomaten	43
	6.6 P06: Persistente Organochlorverbindungen in Treibhausgurken	44
	6.7 P07: Ochratoxin A, Deoxynivalenol und Zearalenon in Getreidemehlen	46
	6.8 P08: Cadmium in Tintenfischerzeugnissen	47
	6.9 P09: Benzo(a)pyren in Räucherfisch	48
	6.10 P10: Herbizid-Rückstände in bestimmten Gemüsearten	49
7	Übersicht der bisher im Monitoring untersuchten Lebensmittel	52
	Erläuterungen zu den Fachbegriffen	55
	Adressen der für das Monitoring zuständigen Ministerien und federführende Bundesbehörde	60

1 Zusammenfassung/Summary

Das Lebensmittel-Monitoring (Monitoring) ist ein System wiederholter repräsentativer Messungen und Bewertungen von Gehalten an unerwünschten Stoffen wie Pflanzenschutzmittel, Schwermetalle und andere Kontaminanten in und auf Lebensmitteln.

Seit 2003 wird das Monitoring in zwei sich ergänzenden Untersuchungsprogrammen durchgeführt: Untersuchung von Lebensmitteln des aus dem Ernährungsverhalten der Bevölkerung entwickelten Warenkorbes[1], um die Rückstands- und Kontaminationssituation unter repräsentativen Beprobungsbedingungen weiter verfolgen zu können (Warenkorb-Monitoring), und Untersuchungen zu speziellen aktuellen Fragestellungen in Form von Projekten (Projekt-Monitoring). Im Warenkorb- und im Projekt-Monitoring wurden insgesamt 5159 Proben in- und ausländischer Herkunft untersucht.

Aus dem Warenkorb sind folgende Lebensmittel ausgewählt worden:

Lebensmittel tierischer Herkunft
- Rohwürste (streichfähig)
- Salami (luftgetrocknet)
- Karpfen
- Regenbogenforelle

Lebensmittel pflanzlicher Herkunft
- Reis
- Blätterteig/Brotteig/Müsliriegel, -happen
- Leinsamen
- Mohn
- Kartoffeln
- Kartoffelpuffer/Kroketten/Kartoffelbrei- und -kloßpulver
- Spinat
- Artischocke
- Broccoli
- Grüne Bohnen
- Karotte
- Champignon-Konserve/Shiitakepilz, getrocknet
- Birne
- Pfirsich/Nektarine
- Orange
- Mandarine
- Ananassaft/Apfelsaft/Grapefruitsaft
- teilweise gegorener Traubenmost/Qualitätsschaumwein
- Marzipan-, Persipan-Rohmasse/Süßwaren aus anderen Rohmassen

In Abhängigkeit von dem zu erwartenden Vorkommen unerwünschter Stoffe wurden die Lebensmittel auf Pflanzenschutzmittelrückstände (Insektizide, Fungizide, Herbizide) und Kontaminanten (z.B. persistente Organochlorverbindungen, Moschusverbindungen, Elemente, Nitrat, Mykotoxine und toxische Reaktionsprodukte) geprüft.

Im Projekt-Monitoring wurden folgende 10 Themen bearbeitet:
- Furan in Brüh-, Fleischbrüherzeugnissen, Fertiggerichten, Soßenpulver, geröstetem Kaffee sowie in Säuglings- und Kleinkindernahrung
- Carbendazim in Trauben-, Apfel-, Birnen-, Orangen- und Mischsäften
- Glykosidalkaloide in Kartoffeln
- Schwermetalle in Vitamin-, Mineralstoff-, Pflanzenextrakt- und Algenpräparaten
- Pflanzenschutzmittelrückstände in Tomaten
- Persistente Organochlorverbindungen und Pflanzenschutzmittelrückstände in Treibhausgurken
- OTA, DON und ZEA in Roggen- und Weizenmehlen
- Cadmium in Tintenfischerzeugnissen
- Benzo(a)pyren in Räucherfisch
- Herbizid-Rückstände in Gemüse und frischen Kräutern

Soweit Vergleiche mit Ergebnissen aus den Vorjahren möglich waren, wurden diese bei der Interpretation der Befunde berücksichtigt. Es wird aber ausdrücklich betont, dass sich alle in diesem Bericht getroffenen Aussagen und Bewertungen zur Kontamination der Lebensmittel nur auf die 2005 untersuchten Lebensmittel sowie Stoffe bzw. Stoffgruppen beziehen.

Insgesamt unterstreichen die Ergebnisse des Lebensmittel-Monitorings 2005 die Empfehlung, die Ernährung ausgewogen und abwechslungsreich zu gestalten, weil sich auch dadurch die teilweise unvermeidliche nahrungsbedingte Aufnahme unerwünschter Stoffe am ehesten auf ein Minimum reduzieren lassen.

Die Ergebnisse aus dem Warenkorb- und Projekt-Monitoring 2005 stellen sich im Einzelnen wie folgt dar:

---
[1] Schroeter A, Sommerfeld G, Klein H, Hübner D (1999) Warenkorb für das Lebensmittel-Monitoring in der Bundesrepublik Deutschland. Bundesgesundheitsblatt 1:77-83.

Lebensmittel tierischer Herkunft
- **Luftgetrocknete Salami** und **streichfähige Rohwürste**, wie Tee- und Mettwurst, enthielten nur geringe Mengen an unerwünschten Stoffen. Nur vereinzelt traten geringfügige Überschreitungen der gesetzlichen Höchstgehalte für Lindan und Blei in Salami auf.
- In nahezu allen **Regenbogenforellen** und **Karpfen** wurden die bekannten ubiquitären Kontaminanten gefunden, allerdings meist in sehr geringen Konzentrationen und stets unter den Höchstgehalten. Der häufige Nachweis des Futtermittel-Zusatzstoffs E 324 (Ethoxyquin) in Forellen sollte jedoch Anlass sein, einen Höchstgehalt festzulegen.
- In **Räucherfisch** aus kleinen Handwerksbetrieben wurde nur wenig Benzo(a)pyren gefunden. In nur einer Probe war der Höchstgehalt überschritten.
- In **Tintenfischerzeugnissen** lagen 5 % der Cadmium-Gehalte über dem Höchstwert, dabei am häufigsten bei Sepia-Arten und weniger bei Kalmaren. Höhere Konzentrationen sind bei asiatischen Sepia-Produkten aufgefallen. Kraken und Tintenfischerzeugnisse in Tunken und Aufgüssen wiesen keine Höchstgehaltsüberschreitungen auf.

Getreide und Getreideprodukte
- **Reis** enthielt im Allgemeinen nur geringe Mengen der unerwünschten Stoffe. Höchstmengen für Pflanzenschutzmittelrückstände waren nicht überschritten. Die erhöhten Arsen-Konzentrationen und vereinzelte Cadmium- und Quecksilber-Befunde über den Höchstgehalten sollten Anlass für weitere Untersuchungen sein.
- **Getreidemehle** aus dem Jahr 2005 wiesen im Allgemeinen nur geringe Gehalte der Mykotoxine Deoxynivalenol (DON), Ochratoxin A (OTA) und Zearalenon (ZEA) auf, auch wenn in Roggenmehlen vereinzelt der Höchstgehalt für OTA überschritten war.
- Die untersuchten **Müsliriegel/-happen** sowie **Blätter- und Brotteige** enthielten nur geringe Mengen an Mykotoxinen und Schwermetallen. Die bei Müsliriegeln und -happen vereinzelt und vor allem bei DON und OTA auftretenden Konzentrationsspitzen sollten durch sorgfältige Auswahl und Kontrolle der Rohstoffe weiter verringert oder beseitigt werden. Die Gehalte des Reaktionsprodukts 5-Hydroxymethylfurfural (HMF) lagen in dem für Trockenobst typischen Bereich, das in Müsliriegeln/-happen enthalten ist.

Ölsamen
- **Leinsamen** und **Mohn** waren gering mit OTA verunreinigt. Außer für Cadmium waren auch die Schwermetall-Konzentrationen gering. Um die Cadmium-Gehalte der Ölsamen nachhaltig zu reduzieren, sollte verstärkt darauf hingewirkt werden, dass nur Ölsamen auf den Markt kommen, die auf Cadmium armen Böden produziert werden.

Kartoffeln, Gemüse, Pilze und deren Verarbeitungsprodukte
- **Kartoffeln, Artischocken, Broccoli** und **Karotten** wiesen nur geringe Gehalte an Pflanzenschutzmittelrückständen, Schwermetallen und Nitrat auf. 56–75 % aller Proben waren ohne messbare Pflanzenschutzmittelrückstände und nur in ein bis zwei Proben lag die Konzentration eines Stoffes über der Höchstmenge. Die Gehalte der giftigen Glykosidalkaloide Solanin und Chaconin in Speisekartoffeln erwiesen sich als unbedenklich.
- Tiefgekühlter **Spinat** enthielt nur wenig und frischer Spinat wie auch **grüne Bohnen, Gurken und Tomaten** (aus konventionellem Anbau) enthielten mittelgradig Rückstände an Pflanzenschutzmitteln. Über den Höchstmengen lagen 5–8 % der Rückstände. Tomaten aus ökologischem Anbau wiesen keine Befunde über den Höchstmengen auf, enthielten aber fast genauso häufig Rückstände wie die konventionell angebauten. Die Befunde an Schwermetallen waren insgesamt gering. Wie schon früher waren jedoch erneut die Cadmiumgehalte in Spinat erhöht, so dass empfohlen werden sollte, Spinat nur auf Cadmium armen Standorten anzubauen. Eine Minimierungsstrategie ist auch bezüglich Nitrat in frischem Spinat zu entwickeln, da die Konzentrationen gegenüber denen im Tiefkühl-Spinat nach wie vor relativ hoch sind und erneut Überschreitungen des Höchstgehalts festgestellt wurden.
- Spezielle Untersuchungen von **Blatt- und Wurzelgemüse** auf Herbizid-Rückstände ergaben, dass es sich bei jedem dritten nachgewiesenen Wirkstoff um ein Herbizid handelte und diese somit relativ häufig gefunden wurden. In Bezug auf die Höchstmengen wiesen die Gemüsearten mittelgradige Gehalte an Herbizid-Rückständen auf.
- In den Fertigprodukten **Kartoffelpuffer, Kroketten, Kartoffelbreipulver** und **Kartoffelkloßpulver** wurde kein HMF und nur wenig Acrylamid gefunden. Die Schwermetallgehalte in den Kartoffelbrei- und Kartoffelkloßpulvern waren bei den meisten Elementen insgesamt niedrig. Einzelne Befunde mit Blei- und Cadmium-Gehalten in der Nähe oder über den Höchstgehalten für Kartoffeln sollten Anlass sein, mögliche Kontaminationsquellen festzustellen (z. B. Standortfaktoren, Verarbeitung), um eine Minimierung der Gehalte zu erreichen.
- Bezogen auf den mittleren Schwermetallgehalt in den frischen Pilzen waren die Befunde in **getrockneten Shiitake** und **Champignons in Konserven** im Allgemeinen gering. Die Champignon-Konserven wiesen jedoch mittelgradige Gehalte an Zinn auf und bei den getrockneten Shiitake fielen einige erhöhte Cadmium-Befunde auf. Bezüglich der Schwermetall-Konzentrationen in Pilzerzeugnissen sollten deshalb weitere Datenerhebungen vorgenommen werden, ebenso bei den zur Verarbeitung vorgesehenen frischen Pilzen. Außerdem ist zu fordern, dass einerseits das Substrat zur Anzucht der Kulturpilze schwermetallarm bzw. -frei ist und andererseits Kontaminationen durch die Verarbeitung und durch das Konservenmaterial minimiert werden.

Obst, Fruchtsäfte und andere Obstprodukte
- Das untersuchte **Obst**, die **Fruchtsäfte** und **anderen Obstprodukte** wiesen nur geringe Gehalte an Schwermetallen auf.

- Mehr als 85% der **Birnen, Pfirsiche** und **Nektarinen** und fast jede ungeschälte **Orange** und **Mandarine** enthielten Rückstände von Pflanzenschutzmitteln. Deren mittlere Gehalte waren jedoch im Allgemeinen gering. In Bezug auf die Gehalte über den Höchstwerten enthielten Birnen und Nektarinen nur geringe, Mandarinen mittelgradige und Orangen erhöhte Rückstände von Pflanzenschutzmitteln. Die Überschreitungen der Höchstmengen lagen im Bereich von 4,6–5% und sind bei Birnen gegenüber 2002 deutlich gesunken. Zu Orangen und Mandarinen ist anzumerken, dass das Fruchtfleisch als essbarer Anteil erfahrungsgemäß nur sehr gering kontaminiert ist, wie frühere Monitoringuntersuchungen gezeigt haben.
  Pfirsiche weisen einen hohen Anteil von 15,3% Höchstmengenüberschreitungen auf, so dass nach Möglichkeiten gesucht werden sollte, die Rückstandssituation über geeignete Minimierungsmaßnahmen zu verbessern.
- Im **Apfelsaft** wurde wie schon im Jahr 1996 häufig Patulin mit insgesamt etwas höheren Konzentrationen und einer Höchstgehaltsüberschreitung gefunden. Bei der Apfelsaft-Herstellung ist besonders darauf zu achten, dass keine verdorbenen Früchte in die Saftpresse gelangen.
  Spezielle Untersuchungen zum Einsatz des Fungizids Carbendazim ergaben, dass dieser Wirkstoff in **Orangen-** und **Birnensaft** nicht oder nur vereinzelt, in **Apfel-** und **Traubensaft** häufiger zu quantifizieren war, allerdings nur in sehr geringen Konzentrationen.
- Bezogen auf die Höchstgehalte waren die Mykotoxin-Befunde in **teilweise gegorenem Traubenmost** (z. B. Federweißer, Neuer Wein) und **Qualitätsschaumwein** im Allgemeinen gering. Vereinzelte hohe Konzentrationen an OTA über dem Höchstgehalt sollten allerdings Anlass sein, bei den zu verarbeitenden Weinbeeren verstärkt auf Schimmelpilzbefall zu achten.

Sonstige Lebensmittel

- **Marzipan-/Persipan-Rohmassen** wiesen nur geringe Gehalte an Aflatoxinen und Schwermetallen auf. Gleiches gilt prinzipiell auch für **Süßwaren aus anderen Rohmassen**; allerdings traten häufiger erhöhte Blei-Gehalte und in wenigen Fällen auch erhöhte Cadmium-Konzentrationen auf, deren Ursachen ermittelt und beseitigt werden sollten. Die HMF-Gehalte waren vergleichsweise gering.
- In **Säuglings- und Kleinkindernahrung** sowie **Fertiggerichten**, wie Suppen, wurde häufig Furan nachgewiesen. Auch wenn von den gefundenen Gehalten nach derzeitigem Kenntnisstand keine Gesundheitsgefährdung abzuleiten ist, sollten Anstrengungen zur weiteren Minimierung unternommen werden.
- In Nahrungsergänzungsmitteln, wie **Vitamin-, Mineralstoff-, Pflanzenextrakt-** und **Algenpräparaten**, wurden häufig Blei und Cadmium gefunden. Auffällig waren einige extrem erhöhte Cadmiumgehalte in bestimmten Algenpräparaten. Es wird als sinnvoll erachtet, über Höchstgehaltregelungen die Belastung auf das technologisch Mögliche und Unvermeidbare zu reduzieren. Die Schwermetall-Gehalte in Algenpräparaten sollten im Rahmen der Routineüberwachung weiterhin untersucht werden.

Summary

Food monitoring is a system of repeated representative measurements and evaluations of levels of undesirable substances, namely pesticides, heavy metals and other contaminants, in and on foods.

Food monitoring has been carried out as two complementary analytic programmes since 2003: first, analysis of foods from a market basket[2] developed on the basis of people's consumption behaviour, with the aim to watch the residues and contamination situation under representative conditions of sampling (market basket monitoring). Second, analyses with regard to particular topical problems in the framework of particular projects (project monitoring). The market basket and the project monitoring programmes included analysis of a total of 5,159 samples of foods of domestic and foreign origin.

The following foods were selected from the market basket:

Food of animal origin
- Raw sausage (spreadable)
- Salami (air-cured)
- Carp
- Rainbow trout

Food of vegetal origin
- Rice
- Puff pastry, bread dough, muesli bars and muesli mini bars
- Linseed
- Poppy seed
- Potatoes
- Potato fritters, croquettes, potato dumpling and puree powder
- Spinach
- Artichoke
- Broccoli
- French beans
- Carrots
- Champignon, tinned/shiitake mushroom, dried
- Pear
- Peach/nectarine
- Orange
- Tangerine
- Pineapple juice/apple juice/grapefruit juice
- Partially fermented grape must, quality sparkling wine
- Marzipan raw matter, persipan raw matter, sweets from other raw material

Depending on what undesirable substances are expected, the foods were analysed for residues of plant protection products (insecticides, fungicides, herbicides) and contaminants (namely, persistent organo-chlorine compounds, musk compounds, elements, nitrate, mycotoxins, and toxic reaction products).

---

[2] Schroeter A, Sommerfeld G, Klein H, Hübner D (1999) Warenkorb für das Lebensmittel-Monitoring in der Bundesrepublik Deutschland. Bundesgesundheitsblatt 1:77-83.

Project monitoring dealt with the 10 following subjects:
- Furan in bouillon and stock products, ready-to-eat meals, sauce powders, roasted coffee, and infant food
- Carbendazim in juice of grapes, apples, pears, oranges, and in mixed juices
- Glycoside alkaloids in potatoes
- Heavy metals in preparations of vitamins, mineral substances, plant extracts and algae
- Residues of plant protection products in tomatoes
- Persistent organo-chlorine compounds and residues of plant protection products in glasshouse cucumbers
- OTA, DON and ZEA in rye and wheat flour
- Cadmium in cuttlefish products
- Benzo(a)pyrene in smoked fish
- Herbicide residues in vegetables and fresh herbs

Interpretation of findings took account of comparison with previous years, where this was possible. Yet it must be stressed that any statement and evaluation about the contamination of foods made in this report, solely refer to the foods and substances or substance groups studied in 2005.

As a whole, the findings of the 2005 food monitoring back the recommendation that nutrition should be manifold and balanced, this being a means to minimise sometimes unavoidable dietary intake of unwanted substances.

In particular, findings from market basket and project monitoring can be summarised as follows:

Food of animal origin
- **Air-cured salami** and **spreadable raw sausage**, such as *Teewurst* and *Mettwurst* (soft pork sausage), contained only low levels of unwanted substances. There were very rare findings of lindane and lead slightly exceeding legal maximum levels of these substances in salami.
- The known ubiquitous contaminants were found in nearly all **rainbow trouts** and **carps** analysed, but mostly at very low concentrations, and always below fixed maximum levels. Frequent findings of the feed additive E 324 (ethoxyquin) in trouts should be taken as an occasion to fix a maximum level.
- Benzo(a)pyrene was only found at low levels in **smoked fish** from small businesses. Only one sample exceeded the maximum level.
- 5% of cadmium contents exceeded the maximum level in **cuttle fish products**, mostly in Sepia species and less often in common squid. Higher concentrations were conspicuous in Asian sepia products. Octopus and cuttlefish in sauces or brew did not contain concentrations above the maximum level.

Cereals and cereal products
- **Rice** generally contained only low levels of undesirable substances. Maximum residue levels (MRLs) of plant protection products were not exceeded. Increased levels of arsenic and single findings of cadmium and mercury above maximum levels should be enough reason for further studies.
- **Cereal flours** dating from 2005 generally showed only low levels of the mycotoxins deoxynivalenol (DON), ochratoxin A (OTA) and zearalenone (ZEA), though the maximum level fixed for OTA was exceeded in some sparse cases in rye flours.
- **Muesli bars** and **mini bars** as well as **puff pastry** and **bread dough** contained only low levels of mycotoxins and heavy metals. Some concentration peaks found in muesli bars and mini bars, in particular with DON and OTA, should be further reduced or eliminated by careful selection and checks of raw materials. Levels of the reaction product 5-hydroxymethyl furfural (HMF) were in the range typical of dried fruit, which is contained in muesli bars.

Oil seed
- **Linseed** and **poppy** were slightly contaminated with OTA. Heavy metal concentrations were also low, apart from cadmium. To persistently reduce cadmium levels in oil seeds, efforts should be made to bring only such oil seeds which were grown on low-cadmium soils on the markets.

Potatoes, vegetables, mushrooms, and products therefrom
- **Potatoes, artichokes, broccoli** and **carrots** carried only low levels of residues of plant protection products, heavy metals and nitrate. 56–75% of all samples were free from measurable residues of plant protection products, and only one to two samples carried residues with one substance above the maximum residue level (MRL).
Contents of the poisonous glycoside alkaloids solanine and chaconine in potatoes were harmless.
- Deep-frozen **spinach** carried low and fresh spinach and **French beans, cucumbers** and **tomatoes** (from conventional cropping) medium levels of plant protection product residues. 5–8% of residues exceeded MRLs. Residue findings in tomatoes from organic farming were not above MRLs, but nearly as frequent as findings in conventionally grown tomatoes.
Findings of heavy metals were low, in total. Yet, cadmium levels in spinach were increased again, which is why it should be recommended to grow spinach only in low-cadmium soils. Minimisation of nitrate in fresh spinach should also be made a strategic goal, because concentrations continue to be high compared with deep-frozen spinach, sometimes exceeding the fixed maximum level.
- Special analyses of **leaf and root vegetables** for herbicide residues showed that every third substance found was a herbicide. This means herbicide findings were relatively frequent. Referred to maximum residue levels, vegetables carried medium-range levels of herbicide residues.
- No HMF and only little acrylamide was found in the ready-to-eat products **potato fritters, croquettes, potato puree powder** and **potato dumpling powder.** Most element (heavy metal) levels were low in potato puree and potato dumpling powders. Single findings of lead and cadmium near or above fixed maximum levels for potatoes should be taken as an occasion to search for potential sources of contamination (such as habitat or processing-related factors), with the aim to minimise contents.
- Related to average heavy metal levels in fresh mushrooms, findings in **dried shiitake** and **tinned champignons** were generally low. Yet, tinned champignons showed medium-

range levels of tin and dried shiitake some increased cadmium findings. Concentrations of heavy metals in mushroom products and fresh mushrooms destined for processing should therefore be further surveyed. A point should be made of keeping the substrate for mushroom culture free from heavy metals as far as possible, on the one hand, and minimising contamination by processing and tin material, on the other.

Fruit, fruit juices, and other fruit products
- **Fruit, fruit juices**, and other **fruit products** contained only low levels of heavy metals.
- More than 85% of **pears, peaches** and **nectarines,** and nearly all unpeeled **oranges** and **tangerines** contained residues of plant protection products, but average levels were generally low. Regarding contents above maximum residue levels, pears and nectarines contained only low, tangerines medium-range, and oranges increased levels of plant protection product residues. Non-compliance with maximum residue levels was between 4.6 and 5%. In pears, the level of non-compliance has clearly decreased compared to 2002. About oranges and tangerines, it has to be noted that the pulp as the edible part contains only minor residue levels, as it was shown in earlier monitoring studies.
Peaches had a high share of non-compliance with MRLs, with 15,3%. It should be made a point to improve the residue situation by suitable minimisation measures.
- As in the 1996 monitoring study, **apple juice** showed frequent findings of patulin, with slightly higher concentrations overall, and one case of MRL non-compliance. This means that apple juice producers have to take particular care that no spoilt fruit is entering the press.

Special studies looking into the use of the fungicide carbendazim produced no, or only very sparse, findings of this substance in **orange juice** and **pear juice,** but more frequent findings, though with very low concentrations, in **apple juice** and **grape juice.**
- Findings of mycotoxins in **partially fermented grape must** (such as *Federweißer* and young wine) and in **quality sparkling wine** were generally low, compared with fixed maximum levels. Single findings of high OTA concentrations above the maximum level should still be an occasion to pay more attention to possible mould in wine grapes.

Other foods
- **Marzipan/persipan raw matter** held only low contents of aflatoxins and heavy metals. The same holds in principle for **sweets from other raw materials.** Yet, there were more frequent findings of increased lead levels and in some cases also increased cadmium levels. The causes of these findings should be identified and eliminated. HMF levels were comparatively low.
- Furan was frequently found in **infant food** and **ready-to-eat meals,** such as soups. Though the levels found do not pose any health risk, according to what is currently understood, these levels should be further reduced.
- Lead and cadmium were frequently found in food supplements, such as **preparations of vitamins, mineral substances, plant extracts,** and **algae.** Extremely increased cadmium levels in some algal preparations were conspicuous. It seems reasonable to reduce the contaminant load to what is technologically possible and unavoidable by legal control of the maximum level. The heavy metal content of algal preparations should be further monitored in the framework of routine control action.

2 Zielsetzung und Organisation

Ziel des Monitorings ist es, repräsentative Daten über das Vorkommen von unerwünschten Stoffen in Lebensmitteln für die Bundesrepublik Deutschland zu erhalten und eventuelle Gefährdungspotenziale durch diese Stoffe frühzeitig zu erkennen. Darüber hinaus soll das Monitoring längerfristig dazu dienen, zeitliche Trends in der Kontamination der Lebensmittel aufzuzeigen und eine ausreichende Datengrundlage zu schaffen, um die Aufnahme von unerwünschten Stoffen über die Nahrung berechnen und bewerten zu können. (Siehe Kasten rechte Spalte.)

Das Monitoring wird seit 1995 auf der rechtlichen Grundlage des Lebensmittel- und Bedarfsgegenständegesetzes § 46 c–e LMBG (seit 2. September 2005 gemäß §§ 50–52 LFGB) als eine eigenständige Aufgabe in der amtlichen Lebensmittelüberwachung durchgeführt und stellt somit ein wichtiges Instrument zur Verbesserung des vorbeugenden gesundheitlichen Verbraucherschutzes dar.

Von 1995 bis 2002 wurden die Lebensmittel auf der Basis eines Warenkorbes ausgewählt. Auf der Grundlage dieser Ergebnisse wurde die nahrungsbedingte Verbraucherbelastung mit unerwünschten Stoffen ermittelt, bewertet und im Bericht „Ergebnisse des bundesweiten Monitoring der Jahre 1995–2002" dargestellt und veröffentlicht.

Eine Übersicht der in den Jahren 1995 bis 2005 untersuchten Lebensmittel befindet sich im Kapitel 7 des vorliegenden Berichtes.

Seit 2003 wird das Monitoring zweigeteilt durchgeführt. Um die Belastungssituation unter repräsentativen Beprobungsbedingungen weiter verfolgen zu können, wurden Lebensmittel entsprechend den Vorgaben des in der Allgemeinen Verwaltungsvorschrift zur Durchführung des Lebensmittel-Monitorings (§ 4 Abs. 3 AVV LM) für den Zeitraum 2005–2009 festgelegten Rahmenplans berücksichtigt, der auf der Grundlage eines repräsentativen Warenkorbs mit ca. 120 Lebensmitteln ausgearbeitet wurde (Warenkorb-Monitoring). Ergänzend dazu wurden spezielle aktuelle Themenbereiche zielorientiert in Form von Projekten bearbeitet (Projekt-Monitoring).

Die ausgewählten Lebensmittel wurden durch die Untersuchungseinrichtungen der Länder analysiert.

Die Organisation des Monitorings, die Erfassung und Speicherung der Daten und die Auswertung der Monitoring-Ergebnisse sowie deren Berichterstattung obliegen dem Bundesamt für Verbraucherschutz und Lebensmittelsicherheit (BVL), Referat 107, „Lebensmittelmonitoring, Rückstandskontrollprogramme, Datenmeldestelle".

Was geschieht mit den Ergebnissen des Lebensmittel-Monitorings?

Die Ergebnisse des Lebensmittel-Monitorings fließen kontinuierlich in die gesundheitliche Risikobewertung ein und werden auch genutzt, um die Höchstgehalte bzw. Höchstmengen für unerwünschte Stoffe zu überprüfen und im Bedarfsfall anzupassen. Dazu werden die Daten gemäß § 51 Abs. 5 des Lebensmittel- und Futtermittelgesetzbuchs (LFGB) dem Bundesinstitut für Risikobewertung (BfR) zur Verfügung gestellt. Auffällige Befunde können weitere Untersuchungen der Ursachen in künftigen Überwachungsprogrammen der amtlichen Lebensmittelüberwachung nach sich ziehen.

Überschreitungen von gesetzlich festgelegten Höchstgehalten werden von den Bundesländern verfolgt und gegebenenfalls geahndet. Höchstgehalte von Rückständen und Kontaminanten in und auf Lebensmitteln werden sowohl in Europa als auch in Deutschland nach dem Minimierungsgebot festgesetzt, d.h. so niedrig wie unter den gegebenen Produktionsbedingungen und nach guter landwirtschaftlicher Praxis möglich, aber niemals höher als toxikologisch vertretbar. Bei der Festsetzung von Höchstgehalten werden deshalb toxikologische Expositionsgrenzwerte, wie z. B. die akzeptierbare tägliche Aufnahmemenge (ADI; acceptable daily intake) oder die akute Referenzdosis (ARfD) berücksichtigt, die noch Sicherheitsfaktoren – meistens Faktor 100 - beinhalten, so dass bei einer gelegentlichen Überschreitung der Höchstgehalte keine gesundheitliche Gefährdung des Verbrauchers zu erwarten ist. Nichts desto trotz sind die Höchstgehalte von den Herstellern und denen, die Waren in Verkehr bringen, einzuhalten. Produkte, die die Höchstgehalte nicht einhalten, sind nicht verkehrsfähig, d.h. sie dürften nicht verkauft werden.

Wenn in Lebensmitteln gesundheitlich bedenkliche Gehalte von Kontaminanten gefunden werden, für die noch keine gesetzlich vorgeschriebenen Höchstgehalte existieren, wird eine gesundheitliche Risikobewertung von den für die Lebensmittelsicherheit zuständigen Behörden vorgenommen. Auch dabei werden die toxikologischen Expositionsgrenzwerte und die Verzehrsmenge herangezogen.

In den Fällen, wo eine alimentäre Exposition mit unerwünschten Stoffen praktisch nicht zu vermeiden ist und auch Verzehrsempfehlungen wegen der Vielfalt der betroffenen Lebensmittel keinen wirksamen Schutz des Verbrauchers darstellen, sind technologisch machbare Minimierungsmaßnahmen einzuleiten. Beispiele hierfür sind Stoffe, die während der Herstellung des Lebensmittels gebildet werden, wie Acrylamid oder Furan, oder aus der Umwelt aufgenommen werden, wie Cadmium, Bromid und Nitrat. Das gilt insbesondere auch für Erbgut schädigende oder Krebs erzeugende Stoffe, für die kein Grenzwert festgelegt wird, weil jede Dosis schädlich sein kann, sowie für Stoffe, für die noch keine ausreichende Datenbasis für eine fundierte Risikobewertung vorliegt.

In einer tabellarischen Zusammenstellung werden die diesem Bericht zugrunde liegenden Daten unter dem Titel: „Tabellenband zum Bericht über die Monitoring-Ergebnisse des Jahres 2005" über das Internet zur Verfügung gestellt.

Im Internet sind die bisher erschienenen Berichte zum Monitoring verfügbar unter: http://www.bvl.bund.de, und Lebensmittel < Sicherheit und Kontrollen < Lebensmittel-Monitoring.

3 Monitoringplan 2005

Auf Grundlage der Allgemeinen Verwaltungsvorschrift zur Durchführung des Lebensmittel-Monitorings (AVV Lebensmittel-Monitoring – AVV LM) wird gemeinsam von den für das Monitoring verantwortlichen Einrichtungen des Bundes und der Länder jährlich ein detaillierter Plan zur Durchführung des Monitorings erarbeitet. Gegenstand dieses Planes sind die Auswahl der Lebensmittel und der darin zu untersuchenden Stoffe sowie Vorgaben zur Methodik der Probenahme und der Analytik. Der Plan ist weitestgehend dem „Handbuch des Lebensmittel-Monitorings 2005" zu entnehmen, das auch im Internet abrufbar ist (http://www.bvl.bund.de, unter Lebensmittel < Sicherheit und Kontrollen < Lebensmittel-Monitoring).

Wie einleitend bereits erläutert, wurde das Monitoring zweigeteilt durchgeführt: Ein Teil der Lebensmittel wurde weiterhin aus dem in Anlehnung an den repräsentativen Warenkorb für den Zeitraum 2005–2009 festgelegten Rahmenplan der AVV LM ausgewählt, um die Kontaminationssituation unter repräsentativen Beprobungsbedingungen weiter zu verfolgen. Das EU-weite koordinierte Überwachungsprogramm (siehe unter KÜP-Empfehlung im Abschnitt Erläuterung der Fachbegriffe) zur Einhaltung der Höchstgehalte von Pestizidrückständen ist dabei integraler Bestandteil des Warenkorb-Monitorings. Im Rahmen des KÜP werden ausschließlich Lebensmittel pflanzlicher Herkunft untersucht. Im anderen Teil des Monitorings wurden zielorientiert spezielle Fragestellungen in Form von Projekten bearbeitet.

3.1
Lebensmittel- und Stoffauswahl für das Warenkorb-Monitoring

Aus dem Warenkorb wurden 2005 vier Lebensmittel tierischer Herkunft und 18 Lebensmittel/-gruppen pflanzlicher Herkunft in die Beprobung einbezogen. Tabelle 3-1 gibt einen Überblick über die Lebensmittel/-gruppen und die darin untersuchten Stoffgruppen bzw. Stoffe.

Basierend auf aktuellen Erkenntnissen zur potenziellen Rückstandssituation und Kontamination der Lebensmittel und durch Einführung weiterer Analysenmethoden wurde das Spektrum der zu analysierenden Stoffe nochmals erweitert. So wurden z. B. im Warenkorb-Monitoring die Proben von Obst und Gemüse auf bis zu 130 verschiedene organische Stoffe untersucht, wobei es sich in der Mehrzahl um Rückstände von Pflanzenschutzmitteln handelte. Durch apparative Verbesserungen der Analysenmesstechnik wurde gleichzeitig die Nachweisempfindlichkeit der Analysenmethoden z. T. erheblich gesteigert, so dass wesentlich geringere Gehalte und somit auch Spuren weiterer Rückstände von Pflanzenschutzmittel-Wirkstoffen nachgewiesen werden konnten. Damit sollte es möglich sein, fundierte Aussagen über die Rückstandssituation dieser Lebensmittel in Deutschland zu machen.

3.2
Lebensmittel- und Stoffauswahl für das Projekt-Monitoring

Für das Projekt-Monitoring wurden gezielt Lebensmittel bzw. Stoffe/Stoffgruppen ausgewählt, bei denen sich aufgrund aktueller Erkenntnisse ein spezifischer Handlungsbedarf ergeben hatte. Nachfolgend werden in Tabelle 3-2 die Projekte aufgeführt.

3.3
Probenahme und Analytik

Die Probenahme erfolgte in der Regel nach den Verfahren, die in der Amtlichen Sammlung nach § 64 LFGB (vormals § 35 LMBG) beschrieben sind. Proben wurden auf allen Stufen der Lebensmittelkette, vom Erzeuger bzw. Hersteller über Groß- und Zwischenhändler bis zum Einzelhändler, entnommen.

Die Entnahme und Untersuchung der Proben sind Aufgaben der zuständigen Behörden und der Laboratorien der amtlichen Lebensmittelüberwachung in den Ländern. In Erfüllung der Verordnung (EG) Nr. 882/2004[2] über zusätzliche Maßnahmen der amtlichen Lebensmittelüberwachung sind alle Laboratorien akkreditiert.

Um vergleichbare Analysenergebnisse zu erhalten, wurden die Lebensmittelproben für die Analyse nach normierten Vorschriften (z. B. Waschen, Putzen, Schälen) vorbereitet. Bei der Wahl der Analysenmethoden muss sichergestellt sein, dass die eingesetzten Methoden zu genauen Ergebnissen führen und den Validierungskriterien der Verordnung (EG) Nr. 882/2004 entsprechen. Um die Lebensmittel auf das z. T. sehr umfangreiche Spektrum von organischen Substanzen prüfen

---
[2] Verordnung (EG) Nr. 882/2004 des Europäischen Parlaments und des Rates vom 29. April 2004 über amtliche Kontrollen zur Überprüfung der Einhaltung des Lebensmittel- und Futtermittelrechts sowie der Bestimmungen über Tiergesundheit und Tierschutz. Veröffentlicht im Amtsblatt der Europäischen Gemeinschaft Nr. L 291/1; 29.04.2004.

Tab. 3-1 Lebensmittel des Warenkorb-Monitorings und darin untersuchte Stoffgruppen/Stoffe im Jahr 2005.

Lebensmittel	im Monitoring 1995–2004 untersucht	Stoffgruppen/Stoffe
Rohwürste	nein	Persistente Organochlorverbindungen, Nitromoschus-Verbindungen, polycyclische aromatische Kohlenwasserstoffe, Histamin, Elemente
Salami	1999	Persistente Organochlorverbindungen, Nitromoschus-Verbindungen, Histamin, Elemente
Karpfen	1997, 1998	Persistente Organochlorverbindungen, Nitromoschus-Verbindungen, Elemente
Forelle	1995, 1996	Persistente Organochlorverbindungen, Nitromoschus-Verbindungen, Elemente
Reis	2000, 2003	Pflanzenschutzmittel, Elemente
Blätterteig, Brotteige, Müsliriegel, -happen	nein	Elemente, Mykotoxine, 5-Hydroxymethylfurfural
Leinsamen	1999	Elemente, Ochratoxin A
Mohn	nein	Elemente, Ochratoxin A
Kartoffeln	1998, 2002	Pflanzenschutzmittel, Elemente, Nitrat
Kartoffelpuffer, Kroketten, Kartoffelbrei- und -kloßpulver	nein	Elemente, 5-Hydroxymethylfurfural, Acrylamid (teilweise)
Spinat	1998, 2002	Pflanzenschutzmittel, Elemente, Nitrat
Artischocke	nein	Pflanzenschutzmittel, Elemente, Nitrat
Broccoli	1997	Pflanzenschutzmittel, Elemente, Nitrat
Bohne, grüne	1995, 1996, 2002	Pflanzenschutzmittel, Elemente, Nitrat
Karotte	1998, 2002	Pflanzenschutzmittel, Elemente, Nitrat
Champignon-Konserve, Shiitakepilz, getrocknet	nein	Elemente
Birne	1998, 2002	Pflanzenschutzmittel, Elemente
Pfirsich/Nektarine	1998, 2002	Pflanzenschutzmittel, Elemente
Orange/Mandarine	1996, 1998, 2002	Pflanzenschutzmittel, Elemente
Ananas-, Apfel-, Grapefruitsaft	Apfelsaft 1995, 1996	Elemente, Patulin (nur in Apfelsaft)
Qualitätsschaumwein, Traubenmost	nein	Elemente, Mykotoxine
Marzipan-, Persipan-Rohmasse, Süßwaren aus anderen Rohmassen	nein	Elemente, Mykotoxine, 5-Hydroxymethylfurfural

Tab. 3-2 Überblick über die Projekte.

Lebensmittel	Spezielle Fragestellung	Projektbezeichnung
Brüh-, Fleischbrüherzeugnisse, Fertiggerichte, Soßenpulver, Säuglings- und Kleinkindernahrung	Furan in Lebensmitteln	Projekt 1
Trauben-, Apfel-, Birnen-, Orangen- und Mischsäfte	Carbendazim in Fruchtsäften	Projekt 2
Kartoffeln	Glykosidalkaloide in Kartoffeln	Projekt 3
Vitamin-, Mineralstoff-, Pflanzenextrakt- und Algenpräparate	Schwermetalle in Nahrungsergänzungsmitteln	Projekt 4
Tomate	Pflanzenschutzmittelrückstände in Tomaten	Projekt 5
Gurke	Persistente Organochlorverbindungen und Pflanzenschutzmittelrückstände in Treibhausgurken	Projekt 6
Roggen- und Weizenmehl	OTA, DON und ZEA in Getreidemehlen	Projekt 7
Tintenfischerzeugnisse von Sepia, Krake, Kalmar	Cadmium in Tintenfischerzeugnissen	Projekt 8
Räucherfisch	Benzo(a)pyren in Räucherfisch	Projekt 9
Basilikum, Bohnenkraut, Dill, Feldsalat, Kresse, Küchenkräuter, Petersilie, Salbei, Schnittlauch, Spinat, Thymian, Zitronenmelisse, Karotte, Knollensellerie	Herbizid-Rückstände in bestimmten Gemüsearten	Projekt 10

zu können, wurden überwiegend Multimethoden eingesetzt. Darüber hinaus waren für bestimmte Stoffe Einzelmethoden heranzuziehen, die zu einer beträchtlichen Erhöhung des labortechnischen Aufwandes führten. Die Zuverlässigkeit der Untersuchungsergebnisse wurde durch laborinterne Qualitätssicherungsmaßnahmen, z. B. durch Einsatz geeigneter Referenzmaterialen und durch Teilnahme an Laborvergleichsuntersuchungen überprüft.

4 Probenzahlen und Herkunft

Für das Monitoring wird in der Regel ein Stichprobenumfang von 240 Proben je Lebensmittel festgesetzt. Diese Probenzahl garantiert die Repräsentativität der Proben und gestattet, statistische Aussagen mit der gewünschten Sicherheit zu treffen.

Im EU-Überwachungsprogramm (KÜP) zu Pflanzenschutzmittelrückständen werden für Deutschland jeweils 93 Proben vorgeschrieben. Bei Lebensmitteln, für die bereits Ergebnisse aus früheren Monitoringuntersuchungen vorliegen und die

Tab. 4-1 Probenzahlen (n) und -herkunft der Warenkorb-Lebensmittel.

Herkunft		Inland		EU		Drittland		Unbekannt		Gesamt
Lebensmittel mit Warenkode		n	%	n	%	n	%	n	%	n
80106	Salami	28	18,5	123	81,5					151
80300	Rohwürste	156	92,9					12	7,1	168
102615	Regenbogenforelle	119	97,5	2	1,6	1	0,8			122
102960	Karpfen	86	100,0							86
150600	Reis*	48	44,4	12	11,1	22	20,4	26	24,1	108
161113	Müsliriegel/-happen	142	92,2					12	7,8	154
161401	Weizenbrotteig	71	100,0							71
161505	Blätterteig	56	86,2	1	1,5			8	12,3	65
230402	Mohn	46	63,0	10	13,7	1	1,4	16	21,9	73
230403	Leinsamen	26	35,6			14	19,2	33	45,2	73
240100	Kartoffeln	87	85,3	6	5,9	3	2,9	6	5,9	102
240306	Kartoffelpuffer gegart	52	77,6	9	13,4			6	9,0	67
240308	Kroketten gegart	57	78,1	9	12,3			7	9,6	73
240506	Kartoffelbreipulver	60	87,0	2	2,9			7	10,1	69
250114	Spinat	125	81,7	22	14,4			6	3,9	153
250201	Broccoli	50	70,4	19	26,8			2	2,8	71
250204	Artischocke*	6	11,1	42	77,8	5	9,3	1	1,9	54
250312	Bohne grüne	64	48,9	26	19,8	15	11,5	26	19,8	131
250401	Karotte	81	77,1	22	21,0			2	1,9	105
280101	Champignon Konserve	37	45,1	32	39,0	4	4,9	9	11,0	82
280303	Shiitakepilz getrocknet	38	50,7	3	4,0	28	37,3	6	8,0	75
290202	Birne	27	25,0	54	50,0	26	24,1	1	0,9	108
290303	Pfirsich/Nektarine			131	94,2	6	4,3	2	1,4	139
290401	Orange*	1	0,8	68	57,1	43	36,1	7	5,9	119
290402	Mandarine			20	100,0					20
310601	Apfelsaft	113	95,0	2	1,7			4	3,4	119
311601	Grapefruitsaft*	53	81,5					12	18,5	65
312101	Ananassaft*	41	80,4					10	19,6	51
334200	Qualitätsschaumwein	99	71,7	34	24,6	5	3,6			138
339000	Traubenmost	70	93,3	5	6,7					75
431601	Marzipanrohmasse	30	62,5					18	37,5	48
431900	Süßwaren aus Rohmassen anderer Art	62	80,5	10	13,0	2	2,6	3	3,9	77
Gesamt		1931	64,1	664	22,0	175	5,8	242	8,0	3012

* Bei den gekennzeichneten Lebensmitteln entspricht die Herkunft in der Regel nicht dem Ursprungsland des Ausgangsproduktes, sondern dem Staat, in dem das Produkt verarbeitet bzw. abgepackt wurde.

im Rahmen des EU-Programms erneut zu untersuchen waren, wurden deshalb abweichend von der oben genannten Regel jeweils nur ca. 100 Proben untersucht.

Im Jahre 2005 wurden insgesamt 5159 Proben untersucht. Sie wurden überwiegend im Handel, teilweise aber auch beim Erzeuger oder Importeur entnommen. Der Anteil Lebensmittel tierischer bzw. pflanzlicher Herkunft am Gesamtprobenaufkommen ist der Abbildung 4-1 zu entnehmen; Brüh-, Fleisch- brüherzeugnisse, Fertiggerichte, Soßenpulver, Säuglings- und Kleinkindernahrung, Suppen sowie Nahrungsergänzungsmittel wurden in dieser Abbildung der Kategorie „Sonstige" zugeordnet. Die Anteile der aus dem In- bzw. Ausland stammenden Lebensmittel zeigt Abbildung 4-2.

In den Tabellen 4-1 und 4-2 sind die Probenzahlen entsprechend der Herkunft für die Warenkorb-Lebensmittel bzw. für das Projekt-Monitoring aufgeschlüsselt.

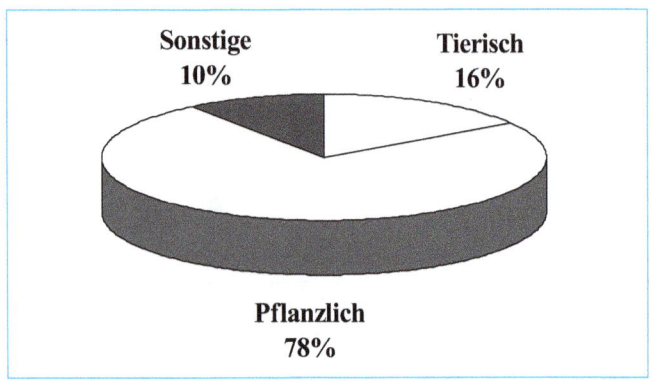

Abb. 4-1 Probenanteile Tierisch/Pflanzlich/Sonstige.

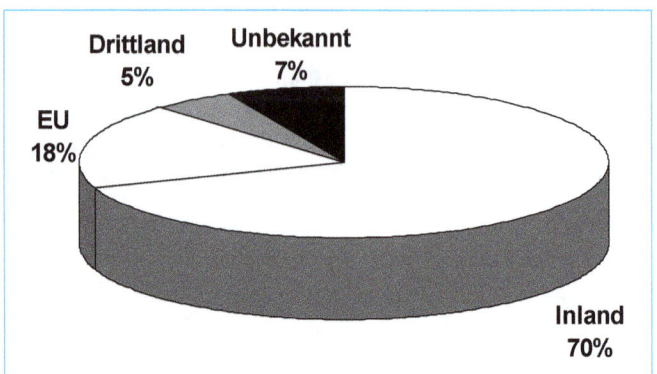

Abb. 4-2 Probenanteile nach Herkunft.

Tab. 4-2 Probenzahlen (n) und -herkunft der Projektproben.

Herkunft	Inland		EU		Drittland		Unbekannt		Gesamt
Projekt	n	%	n	%	n	%	n	%	n
Furan in Lebensmitteln	196	95,1	5	2,4	5	2,4			206
Carbendazim in Fruchtsäften	184	94,8	4	2,1			6	3,1	194
Glykosidalkaloide in Kartoffeln	177	79,7	24	10,8	16	7,2	5	2,3	222
Schwermetalle in Nahrungsergänzungsmitteln	264	86,3	4	1,3	4	1,3	34	11,1	306
Pflanzenschutzmittelrückstände in Tomaten	72	33,5	135	62,8	8	3,7			215
Persistente Organochlorverbindungen in Treibhausgurken	204	79,7	48	18,8	2	0,8	2	0,8	256
OTA, DON und ZEA in Getreidemehlen	242	98,4	2	0,8			2	0,8	246
Cadmium in Tintenfischerzeugnissen*	14	12,0	42	35,9	45	38,5	16	13,7	117
Benzo(a)pyren in Räucherfisch	121	68,8	1	0,6	1	0,6	53	30,1	176
Herbizid-Rückstände in bestimmten Gemüsearten	178	85,2	18	8,6	4	1,9	9	4,3	209
Gesamt	1652	76,9	283	13,2	85	4,0	127	5,9	2147

* Bei den gekennzeichneten Lebensmitteln entspricht die Herkunft in der Regel nicht dem Ursprungsland des Ausgangsproduktes, sondern dem Staat, in dem das Produkt verarbeitet bzw. abgepackt wurde.

5 Ergebnisse des Warenkorb-Monitorings

In diesem Kapitel werden die Ergebnisse zu den im Monitoring 2005 untersuchten Warenkorb-Lebensmitteln vorgestellt.

> Alle in diesem Bericht getroffenen Aussagen hinsichtlich der Rückstands- und Kontaminationssituation der Lebensmittel beziehen sich ausschließlich auf die im Jahr 2005 im Monitoring untersuchten Stoffe bzw. Stoffgruppen.
> Das Kriterium für „häufig" quantifizierte Stoffe ist abhängig von der Stoffgruppe und wurde angewandt, wenn für Pflanzenschutzmittelrückstände und Mykotoxine Gehalte jeweils in mehr als 10 % der Proben quantifiziert wurden, für organische Kontaminanten und Elemente erst oberhalb 50 % aller Proben.
> Zur Klassifizierung des Kontaminationsgrades siehe im Glossar unter „Kontaminationsgrad" und „Nitrat".
> Die in diesem Bericht verwendeten Begriffe „Höchstmengenüberschreitung" bzw. „Höchstgehaltsüberschreitung" bezeichnen Proben mit Gehalten, die rein numerisch über den gesetzlich festgelegten Höchstwerten liegen.

5.1
Wurstwaren

Rohwürste

Rohwürste gibt es auf dem Markt in einem vielfältigen Angebot. Man unterteilt sie in schnittfeste Sorten, wie z. B. Salami und Cervelatwurst, und streichfähige Würste, wie Tee- und Mettwurst. Sie werden überwiegend aus unerhitztem Muskelfleisch und Fettgewebe unter Zusatz von Gewürzen, Pökelsalz und Zucker hergestellt.

In die Monitoring-Untersuchungen wurden sowohl ungeräucherte luftgetrocknete Salami (151 Proben) als auch geräucherte Tee- und Mettwürste (168 Proben) einbezogen und auf 25 persistente Organochlorverbindungen (einschließlich PCB-Kongenere), Histamin, Nitromoschusverbindungen, Nitrofen, polycyclische aromatische Kohlenwasserstoffe (PAK; nur bei geräucherten Tee- und Mettwürsten) sowie auf sechs Elemente geprüft.

Salami wurde bereits im Monitoring 1999 intensiv untersucht, so dass eine vergleichende Betrachtung möglich ist.

Nur 28 Proben (18,5 %) bei Salami, aber nahezu alle Proben der streichfähigen Rohwürste (156; 92,9 %) waren aus deutscher Produktion. Die Salami stammten hauptsächlich aus Frankreich (32,5 %) und Italien (26,5 %) und in geringem Umfang aus Spanien und Ungarn (jeweils 11,9 %).

Organische Stoffe

51 % bzw. 61 % der untersuchten Proben bei streichfähiger Rohwurst bzw. Salami enthielten keine messbaren Gehalte an persistenten Organochlor- und Moschusverbindungen. Kein Stoff wurde in mehr als 50 % der Proben nachgewiesen. Nur für die Stoffe HCB, p,p'-DDE und Lindan bei Salami sowie HCB, p,p'-DDE, beta-HCH, PCB 138 und PCB 153 bei streichfähiger Rohwurst wurden Gehalte in jeweils mehr als 10 % der Proben quantifiziert. Die persistenten Organochlorverbindungen, wie DDT, HCB und PCB 153, wurden wesentlich häufiger in Salami aus deutscher Produktion als in der aus Italien und Frankreich gefunden.

Die Gehalte waren im Allgemeinen sehr gering und größenordnungsmäßig vergleichbar mit den Ergebnissen anderer Wurstarten aus früheren Monitoringuntersuchungen. Sie lagen meistens im Bereich der analytischen Bestimmungsgrenzen von 0,001–0,002 mg/kg. Lediglich ein Lindan-Gehalt in Salami überschritt die gesetzliche Höchstmenge von 0,02 mg/kg geringfügig. Die insgesamt sehr geringen Gehalte in Rohwürsten sind ein Indiz dafür, dass das in Deutschland und in vielen anderen Ländern seit vielen Jahren bestehende Anwendungsverbot von persistenten Organochlorverbindungen eine langsame und nachhaltige Verminderung der ubiquitären Belastung bewirkt.

Mehrere Stoffe gleichzeitig (Mehrfachrückstände) wurden in 21 % bzw. 29 % der Proben von Salami bzw. streichfähiger Rohwurst nachgewiesen, wobei in einzelnen Proben das Maximum bei sechs bzw. sieben Stoffen lag.

In keiner auf das Herbizid Nitrofen geprüften Probe wurden Rückstände dieser Verbindung oberhalb der analytischen Bestimmungsgrenze von 0,002 mg/kg festgestellt.

Von den Nitromoschusverbindungen wurden nur je einmal sehr geringe Gehalte von Moschus-Xylol in Salami bzw. Moschus-Keton in streichfähiger Rohwurst bestimmt.

Histamin (s. Kasten) wurde in 14,7 % und 34,2 % der Proben von streichfähiger Rohwurst bzw. Salami gefunden. Die Gehalte lagen im Mittel bei 2,8 mg/kg in streichfähiger Rohwurst bzw. 21,5 mg/kg in Salami und erreichten 127 mg/kg bzw. 143 mg/kg im Maximum. Die mittleren Gehalte liegen in den für diese Wurstsorten bekannten Bereichen[1]. Ein Höchstgehalt ist für Fleischerzeugnisse nicht festgelegt. Bemerkenswert ist jedoch, dass alle Salami mit Histamin-Gehalten über 82 mg/kg aus Italien stammten. Die Histamin-Konzentrationen in den

---
[1] http://www.was-wir-essen.de/download/Histamingehalte.pdf

Salami aus Frankreich und Deutschland waren nahezu gleich und im Mittel siebenmal geringer als in den italienischen Würsten (s. Abb. 5-1).

> **Histamin in Rohwurst**
> Biogene Amine, zu denen u. a. Histamin gehört, entstehen beim Abbau eiweißhaltiger Lebensmittel aus Aminosäuren und werden durch Abspaltung der Carboxylgruppe der entsprechenden Aminosäure gebildet. Viele Mikroorganismen sind in der Lage, diese Umwandlung durchzuführen, wobei die meisten dieser biogenen Amine hitzestabil sind.
>
> Biogene Amine können in fermentierten bzw. gereiften Veredlungsprodukten wie z. B. in Käse oder Rohwürsten vorkommen. Die Anwesenheit von biogenen Aminen, an erster Stelle Histamin, ist jedoch auch ein Hinweis auf Verderbnis und kann sich durch ein Brennen auf den Lippen bzw. im Mundraum bemerkbar machen.
>
> Histamin kann bei hohen Konzentrationen zu Übelkeit, Atemnot, Hautreizungen, Herzklopfen und Kopfschmerzen führen. Diese Erscheinungen können beim Verzehr verdorbener Lebensmittel, insbesondere Thunfisch, bei erhöhten Gehalten von ca. 1000 mg/kg auftreten.
>
> Rechtlich bindende Höchstmengen sind in der VO (EG) Nr. 2073/2005 über mikrobiologische Kriterien für Lebensmittel nur für Histamin (400 mg/kg) und nur für bestimmte Fischerzeugnisse aufgeführt.
>
> Bei fermentierten Rohwürsten ist mit Histamingehalten in der Größenordnung bis ca. 150 mg/kg zu rechen, wobei sich diese Erzeugnisse sowohl in ihrem Gesamtgehalt als auch in dem Muster der einzelnen biogenen Amine deutlich unterscheiden können.
> Die Gehalte an biogenen Aminen in Rohwürsten können neben der mikrobiologischen Qualität des Ausgangsmaterials, durch die Auswahl an Starterkulturen oder durch Verwendung bestimmter Zusatzstoffe (z. B. Nitritpökelsalz) beeinflusst werden.

PAK entstehen als unerwünschte Nebenprodukte bei unvollständigen Verbrennungsprozessen und beim Erhitzen unter Luftabschluss und können sich somit auch in Lebensmitteln beim Erhitzen, Trocknen und Räuchern bilden, wenn Verbrennungsrückstände direkt mit ihnen in Kontakt kommen. Die infolge des Räucherprozesses bei den streichfähigen Rohwürsten zu erwartenden PAK wurden selten gefunden. Lediglich Benzo(a)pyren, Benzo(b)fluoranthen, Benzo(k)fluoranthen und Chrysen wurden in jeweils mehr als 10% der Proben quantifiziert. Die Konzentrationen lagen aber nur in wenigen Ausnahmen geringfügig über der analytischen Bestimmungsgrenze von 0,0003 mg/kg.

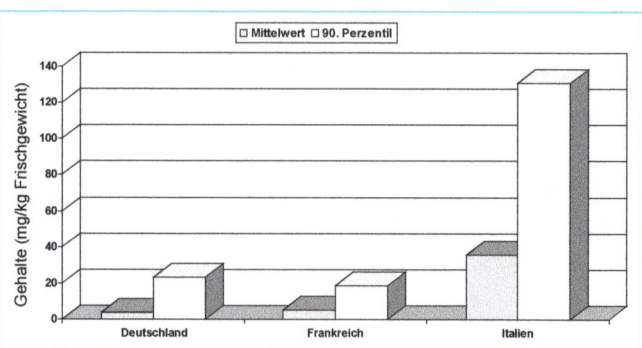

Abb. 5-1 Histamin-Gehalte in Salami nach Herkunft.

Elemente

Die Rohwürste wurden auf die Elemente Arsen, Blei, Cadmium, Kupfer, Selen und Zink analysiert. Nachweishäufigkeit und gefundene Gehalte sind in Tabelle 5-1 für beide Produktgruppen zusammengestellt.

Die Gehalte in den Rohwürsten waren gering und vergleichbar mit den im Monitoring 2004 in Brühwurst gefundenen Konzentrationen. Wie die Maximalwerte verdeutlichen, waren die Elementgehalte in Salami generell höher, dabei insbesondere bei Kupfer und Zink.

Die mittleren Blei- und Cadmiumgehalte in Salami waren nahezu identisch mit den im Monitoring 1999 gefundenen Werten.

In fünf Salami-Proben (3,3%) war der zulässige Höchstgehalt von 0,1 mg/kg für Blei geringfügig überschritten.

Fazit

Wie die anderen Wurstwaren in der Vergangenheit sind auch Salami und die streichfähigen Rohwürste, wie z. B. Tee- und Mettwurst, nur geringfügig mit unerwünschten Stoffen kontaminiert. Abgesehen von vereinzelten und nur geringfügigen Überschreitungen der gesetzlichen Höchstgehalte für Lindan und Blei in Salami lagen die ermittelten Gehalte auf niedrigem Niveau.

Die Histamin-Gehalte lagen zwar im bekannten und unbedenklichen Bereich, bei luftgetrockneter Salami aus Italien allerdings siebenfach höher als in Salami aus Deutschland und Frankreich.

Tab. 5-1 Elementgehalte von Rohwürsten (Werte in mg/kg Frischgewicht).

Element	Anteil mit quantifizierbaren Gehalten (%)		Mittelwert		Maximalwert	
	Salami	Rohwurst, streichfähig	Salami	Rohwurst, streichfähig	Salami	Rohwurst, streichfähig
Arsen	16,4	10,6	0,016	0,012	0,055	0,024
Blei	33,1	19,6	0,023	0,014	0,168	0,072
Cadmium	32,5	13,3	0,003	0,003	0,016	0,009
Kupfer	98,0	86,7	1,58	0,675	52,7	1,85
Selen	95,4	86,7	0,175	0,089	1,01	0,255
Zink	99,3	100,0	36,9	19,0	73,0	37,1

5.1 Fische

Regenbogenforelle

Unter den Süßwasserfischen ist die Regenbogenforelle ein sehr beliebter, fettarmer Speisefisch. Sie wird überwiegend als Zuchtfisch unter kontrollierten Lebensbedingungen in Teichwirtschaften gehalten. Aufgrund der mengenmäßigen Bedeutung wurden Regenbogenforellen im Jahre 2005 erneut in das Untersuchungsprogramm aufgenommen, nachdem diese bereits in den Jahren 1995 und 1996 Gegenstand intensiver Monitoringuntersuchungen gewesen sind. Die 122 hauptsächlich aus inländischer Produktion stammenden Proben des Jahres 2005 wurden wiederum auf das Vorkommen von 28 persistenten Organochlorverbindungen (einschließlich PCB-Kongenere), zwei Nitromoschusverbindungen, auf sieben Elemente und zusätzlich auf Ethoxyquin und Pendimethalin geprüft. Damit ist eine gute Datenbasis für eine vergleichende Betrachtung der Kontamination gegenüber den früheren Untersuchungen gegeben.

Organische Stoffe

Die ubiquitären persistenten Organochlorverbindungen wurden in nahezu jeder Probe gefunden (s. Abb. 5-2). Nur zwei Proben (1,6%) wiesen keine messbaren Gehalte auf. Der im Vergleich zu 1995 und 1996 höhere Anteil an Proben mit nachweisbaren Rückständen ist auch auf die verbesserte Leistungsfähigkeit der Analytik und das erweiterte Stoffspektrum zurückzuführen.

Die Gehalte waren sehr gering und lagen meistens im Bereich der analytischen Bestimmungsgrenzen von 0,001 mg/kg. Aber in fast allen Proben (91%) wurden Mehrfachrückstände gefunden, bedingt durch das für den aquatischen Bereich typische Vorkommen dieser ubiquitären Stoffe. In 69 Proben wurden mehr als 9 Stoffe identifiziert; das Maximum lag bei 21 Stoffen in einer Probe.

In mehr als 50% der Proben wurden Chlordan, DDT, Dieldrin, HCB, PCB 52, PCB 101, PCB 118, PCB 138, PCB 153, PCB 180 und Polychlorterpene (Toxaphen) nachgewiesen.

Bromocyclen und Moschus-Xylol wurden mit 2,5% bzw. 19,7% weit weniger häufig gefunden als noch im Monitoring 1995 (37,2% bzw. 57,4%) und 1996 (18,8% bzw. 43,6%). Grenzwerte wurden nicht mehr überschritten, die Konzentrationen lagen bei maximal 0,001 mg/kg.

Das Herbizid Pendimethalin wurde nur in 4,8% der Proben mit maximal 0,008 mg/kg quantifiziert. Die Herkunft dieses Wirkstoffs im Fisch ist noch unklar. Eine mögliche Ursache bei diesen niedrigen Gehalten sind z.B. auch Einträge durch Abschwemmung von landwirtschaftlich genutzten Flächen in die Gewässer.

In 69% aller Proben wurde hingegen Ethoxyquin gefunden; ein Antioxidans, das als Zusatzstoff E 324 bis 150 mg/kg im Futtermittel zugelassen ist. Die Gehalte lagen im Mittel bei 0,007 mg/kg, im Maximum bei 0,08 mg/kg. Das Bundesinstitut für Risikobewertung (BfR) hat derartige Ethoxyquin-Befunde einer Bewertung unterzogen und kommt zu dem Ergebnis, dass die akzeptierbare tägliche Aufnahmemenge (ADI) von 0,005 mg/kg Körpergewicht für eine Person von 60 kg Körpergewicht nur geringfügig (zu etwa 8%) ausgeschöpft wird[2].

Elemente

Die Regenbogenforellen wurden auf die Elemente Arsen, Blei, Cadmium, Kupfer, Quecksilber, Selen und Zink analysiert. Bis auf Blei und Cadmium, die nur in 15,6% bzw. 6,6% aller Proben quantifiziert werden konnten, wurden die anderen Elemente häufig oder sogar in allen Proben gefunden.

Die mittleren Gehalte lagen auf niedrigem Niveau. Höchstgehalte wurden nicht überschritten.

In Abbildung 5-3 sind die Konzentrationen für Blei, Cadmium und Quecksilber grafisch dargestellt. Trendaussagen sind in diesem niedrigen Konzentrationsbereich nicht angebracht.

Fazit

In nahezu allen Regenbogenforellen aus der Teichwirtschaft werden häufig mehrere der bekannten ubiquitären Umweltkontaminanten gefunden, allerdings in sehr geringen Konzentrationen. Die Kontamination ist weitgehend vergleichbar mit der aus den Jahren 1995 und 1996.

Auffällig ist jedoch der häufige Nachweis des Antioxidans Ethoxyquin, das offensichtlich über das Futter in den Fisch gelangt, da es als Zusatzstoff E 324 für Futtermittel zugelassen ist.

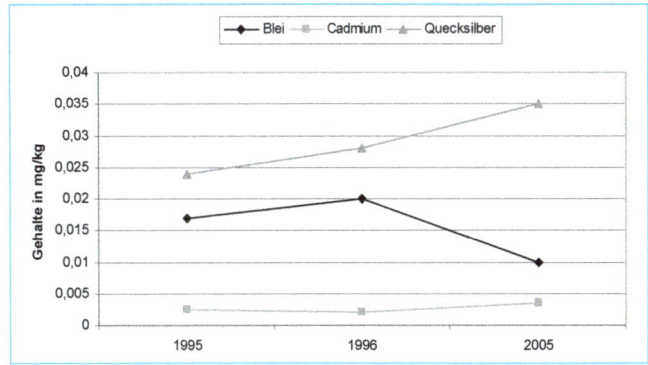

Abb. 5-3 Mittlere Schwermetallgehalte in Forellen im Jahresvergleich (Zum Vergleich: Die zulässigen Höchstgehalte liegen bei 0,2 mg Blei/kg, 0,05 mg Cadmium/kg und 0,5 mg Quecksilber/kg).

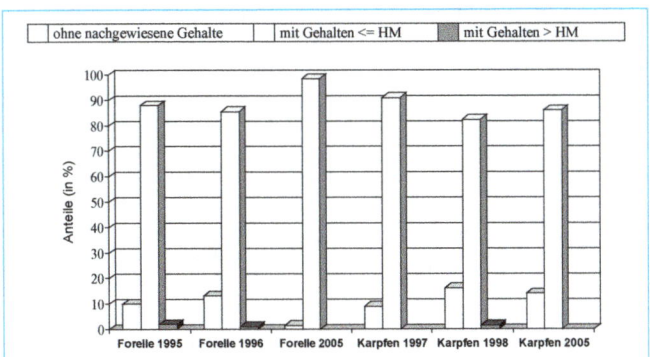

Abb. 5-2 Probenanteile mit Organochlorverbindungen in Forellen und Karpfen im Jahresvergleich.

---
[2] http://www.bfr.bund.de/cm/208/bewertung_der_ergebnisse_des_nationalen_rueckstandskontrollplans_2005.pdf

Hier besteht Regelungsbedarf, einen Höchstgehalt in Zuchtfischen festzusetzen.

Karpfen

Karpfen ist ebenfalls ein sehr geschätzter Speisefisch, der überwiegend als Zuchtfisch aus Teichwirtschaften angeboten wird. Dieser Süßwasserfisch wurde bereits in den Jahren 1997 und 1998 intensiv im Monitoring untersucht. Mit den Untersuchungen im Jahr 2005 bietet sich nun die Gelegenheit zu Schlussfolgerungen über die Entwicklung der Belastung mit unerwünschten Stoffen.

Die 86 ausschließlich aus inländischer Produktion stammenden Proben wurden wie die Forellen auf 28 persistente Organochlorverbindungen (einschließlich PCB-Kongenere), zwei Nitromoschusverbindungen, sieben Elemente und außerdem auf Ethoxyquin und Pendimethalin geprüft.

Organische Stoffe
Ähnlich wie bei den Regenbogenforellen wurden die ubiquitären persistenten Organochlorverbindungen auch bei Karpfen in 86 % aller Proben gefunden. Das Vorkommen dieser Stoffe im aquatischen Bereich hat sich in den letzten Jahren offensichtlich kaum verändert, da der Anteil positiver Befunde gegenüber den Untersuchungen im Jahr 1998 nahezu gleich geblieben ist (s. Abb. 5-2).

Die Gehalte waren aber sehr gering und lagen bis auf wenige Ausnahmen unter 0,01 mg/kg, somit generell unter den jeweiligen Höchstmengen. Bei einigen Stoffen, wie z. B. Lindan und den PCB-Kongeneren hat sich der Gehalt seit 1998 deutlich verringert.

Der Anteil mit Mehrfachrückständen betrug 59 %, wobei am häufigsten sechs Stoffe in einer Probe und in drei Proben sogar zehn Stoffe gleichzeitig bestimmt wurden.

Wie schon im Monitoring 1998 wurde lediglich DDT häufig nachgewiesen. In mehr als 20 % der Proben wurden außerdem HCB, Lindan und die PCB 101, 138, 153 und 180 gefunden.

Bromocyclen und Moschus-Keton wurden nur in je einer Probe (je 1,2 %) in sehr geringer Konzentration quantifiziert, damit wesentlich seltener als noch im Jahr 1998 (Bromocyclen 6,2 %, Moschus-Keton 10,9 %).

Im Gegensatz zu den Regenbogenforellen konnte Ethoxyquin in Karpfen nur einmal mit 0,008 mg/kg nachgewiesen werden. Ob bei Karpfen andere, Ethoxyquin freie Futtermittel verwendet werden oder dieser Zusatzstoff in geringerem Umfang in den Fisch übergeht, kann aus diesen Untersuchungen nicht beurteilt werden.

Pendimethalin wurde in 15,8 % der Karpfen-Proben, somit häufiger als in Forellen gefunden; das Maximum lag bei 0,009 mg/kg.

Elemente
Die Karpfen wurden ebenfalls auf die Elemente Arsen, Blei, Cadmium, Kupfer, Quecksilber, Selen und Zink analysiert. Auch hier wurden die meisten Elemente häufig oder sogar in allen Proben gefunden, abgesehen von Blei und Cadmium mit einer geringeren Nachweishäufigkeit von 26,7 % bzw. 11,6 %.

Die mittleren Gehalte waren mit denen im Jahr 1998 festgestellten vergleichbar und lagen ähnlich wie bei Regenbogenforellen auf niedrigem Niveau. Höchstgehaltsüberschreitungen wurden nicht festgestellt.

Fazit
Auch wenn in Karpfen aus der Teichwirtschaft wie schon in den Jahren 1997 und 1998 wieder häufig mehrere der bekannten ubiquitären Umweltkontaminanten gefunden wurden, lagen deren Gehalte auf sehr geringem Niveau und stets unter den zulässigen Höchstgehalten. Gegenüber 1998 hat sich der Gehalt bei einigen Kontaminanten, wie z. B. bei Lindan und den PCB-Kongeneren deutlich verringert.

5.3
Getreide

Reis

Wegen seiner großen Bedeutung für die menschliche Ernährung wurde Reis bereits in den Jahren 2000 und 2003 auf unerwünschte Stoffe untersucht, wobei eine insgesamt geringe Kontamination festgestellt wurde. Die Einbeziehung in das Monitoringprogramm 2005 ergab sich aus der von der EU-Kommission gegebenen Empfehlung zum KÜP.

Es wurden 105 Reisproben auf Rückstände von 132 Pflanzenschutzmitteln und auf sieben Elemente untersucht.

Pflanzenschutzmittel
Im Vergleich zu den Ergebnissen aus dem Jahr 2000 (s. Abb. 5-4) ist im Jahr 2005 der Anteil von Proben mit quantifizierbaren Rückständen auf 45 % gestiegen. Der Anteil mit Mehrfachrückständen betrug 21 %, wobei in einer Probe maximal fünf Stoffe gleichzeitig bestimmt wurden.

Der höhere Anteil positiver Befunde ist auch auf die erhebliche Erweiterung des Stoffspektrums und die Verbesserung der Analytik gegenüber den früheren Untersuchungen zurück zu führen. Von diesen 132 Stoffen wurden jedoch nur Rückstände von 18 Wirkstoffen zumeist unterhalb von 0,01 mg/kg gefunden, häufig davon nur das als Synergist zu Pyrethrum eingesetzte Piperonylbutoxid und – wie schon im Jahr 2000 – Bromid. Da Bromid ubiquitär vorkommt, ist davon auszugehen, dass diese Befunde überwiegend natürlichen Ursprungs und nicht zwangsläufig auf die Verwendung bromhaltiger Be-

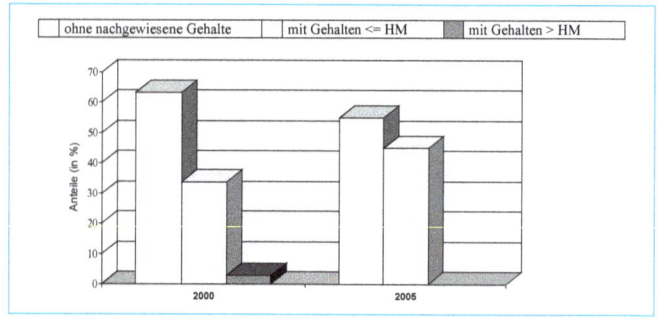

Abb. 5-4 Pflanzenschutzmittelrückstände in Reis im Jahresvergleich.

gasungsmittel zurück zu führen sind. Überschreitungen von Höchstmengen traten nicht auf.

Insgesamt wurde das Ergebnis früherer Monitoringuntersuchungen erneut bestätigt, wonach Reis nur geringe Konzentrationen von Pflanzenschutzmittelrückständen enthält.

Elemente

Die Reisproben wurden auf die Elemente Arsen, Blei, Cadmium, Kupfer, Quecksilber, Selen und Zink analysiert. Blei und Quecksilber wurden nur in 25,0% bzw. 19,4% aller Proben gefunden, während die anderen Elemente häufig oder sogar in allen Proben auftraten.

Für die Elemente wurden ähnliche Gehalte wie in den Jahren 2000 und insbesondere 2003 festgestellt. Die Werte für die Schwermetalle Blei, Cadmium und Quecksilber lagen zum überwiegenden Teil unter 0,1 mg/kg. Bestätigt haben sich aber erneut die schon früher in Reis festgestellten erhöhten Arsen-Gehalte, die im Jahr 2005 bei 0,14 mg/kg im Mittel und 0,27 mg/kg beim 90. Perzentil lagen. Ein Höchstgehalt ist für Arsen nicht festgelegt.

In drei Proben (3,1%) war der Höchstgehalt für Quecksilber (0,01 mg/kg) und in einer Probe (0,9%) der Höchstgehalt für Cadmium (0,2 mg/kg) überschritten. Die Kupfer-Konzentrationen lagen unter der in der Rückstands-Höchstmengenverordnung (RHmV) festgelegten Höchstmenge von 10 mg/kg.

Fazit

Die Monitoringuntersuchungen des Jahres 2005 bestätigten die Ergebnisse aus den Jahren 2000 und 2003, wonach Reis im Hinblick auf die untersuchten Stoffe im Allgemeinen gering kontaminiert ist. Jedoch sollten die relativ hohen Arsen-Gehalte und die Cadmium- und Quecksilber-Kontamination weiterhin beobachtet werden, da Höchstgehaltsüberschreitungen noch nicht verlässlich auszuschließen sind.

5.4 Getreideerzeugnisse

Müsliriegel/Müslihappen

Müsliriegel und Müslihappen werden als Energiespender für Freizeit und Sport in großer Vielfalt vermarktet. Sie dienen als Zwischenmahlzeit und werden gern in Ergänzung zu den normalen Mahlzeiten verzehrt. Wie Müsli bestehen sie vorwiegend aus verschiedenen Getreideflocken und -mehlen, Nüssen, Ölsamen, Trockenobst, Milchprodukten, Kakao, Schokolade, Zucker, Aromen etc.

Da die verschiedenen Bestandteile unterschiedliche Kontaminanten aufweisen können, wurden die 154 Müsliriegel/-happen auf Mykotoxine, Elemente und auf HMF (5-Hydroxymethylfurfural) untersucht. HMF ist ein Reaktionsprodukt von Zucker, welches bei Erhitzungsprozessen oder unsachgemäßer Lagerung entstehen kann.

Über 90% der beprobten Müsliriegel/-happen wurden in Deutschland hergestellt.

Mykotoxine

Die Müsliriegel und -happen sind auf die Aflatoxine B1, B2, G1, G2, Deoxynivalenol (DON) und auf Ochratoxin A (OTA) untersucht worden. Davon wurden Aflatoxin B1 in 15,3%, DON in 11,2% und OTA in 21% aller Proben relativ häufig nachgewiesen. Höchstgehalte wurden nicht überschritten.

Die Kontamination mit DON und OTA war seltener und geringer als bei ähnlich zusammen gesetzten Frühstückscerealien, die im Projekt-Monitoring 2004 untersucht worden waren (s. Abb. 5-5 und 5-6). Die Maximalgehalte lagen mit 318 µg DON/kg bzw. 2,94 µg OTA/kg, ähnlich wie bei den Frühstückscerealien, im Bereich der Höchstmengen von 350 µg DON/kg bzw. 3 µg OTA/kg.

Die Aflatoxine B2, G1 und G2 wurden jeweils nur in einer Probe und mit sehr geringen Gehalten unterhalb von 0,1 µg/kg nachgewiesen.

HMF

HMF wurde in 88% aller Proben gefunden. Der mittlere Gehalt lag bei 42 mg/kg und das 90. Perzentil bei 152 mg/kg, somit in einem Bereich, der für Trockenobst typisch ist[3], das in Früchtemüslis und Müsliriegel enthalten ist.

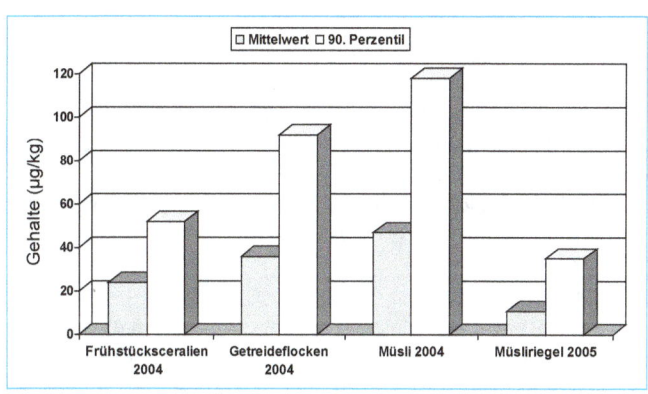

Abb. 5-5 Deoxynivalenol (DON) in Getreideerzeugnissen (Zum Vergleich: Der zulässige Höchstgehalt liegt bei 350 µg/kg.).

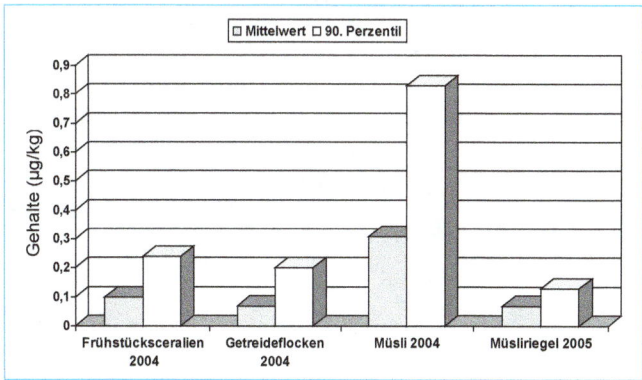

Abb. 5-6 Ochratoxin A (OTA) in Getreideerzeugnissen (Zum Vergleich: Der zulässige Höchstgehalt liegt bei 3 µg/kg.).

---

[3] Murkovich M. und Pichler N. (2006) Analysis of 5-hydroxymethylfurfural in coffee, dried fruits and urine. Mol. Nutr. Food Res. 50:842-846.

Elemente

Die Müsliriegel sind auf die Gehalte an Arsen, Blei, Cadmium, Kupfer, Nickel, Quecksilber, Selen und Zink untersucht worden. Quecksilber wurde in sehr geringer Konzentration nur in 3,5% aller Proben nachgewiesen. Auch die mittleren Gehalte von Arsen und Blei waren sehr gering. Beide Elemente wurden in 30% bzw. 32% der Proben quantifiziert. Alle anderen Elemente wurden häufig oder in nahezu jeder Probe gefunden. Deren mittlere Konzentrationen waren ebenfalls gering. Nur in einer Probe wurde der Höchstgehalt von 0,1 mg/kg für Cadmium geringfügig überschritten.

Fazit

Die im Jahr 2005 untersuchten Müsliriegel/-happen waren nur gering mit Mykotoxinen und Schwermetallen kontaminiert. Die vereinzelt und vor allem bei Mykotoxinen auftretenden Belastungsspitzen sollten durch sorgfältige Auswahl und Kontrolle der Rohstoffe weiter verringert oder beseitigt werden. Die HMF-Gehalte liegen in dem für Trockenobst typischen Bereich, das in Müsliriegeln/-happen enthalten ist.

Blätterteig/Brotteige

Im diesjährigen Monitoring wurden erstmalig die als Fertigprodukte angebotenen Blätterteige und Brotteige (auch vorgebacken, außer Teiglinge) auf Mykotoxine und Elemente untersucht. Während Blätterteig hauptsächlich aus Weizenmehl hergestellt wird, können Brotteige neben den Weizen-, Roggen- und Dinkelmehlen noch zahlreiche weitere Zutaten enthalten.

Alle 71 Brotteig-Proben und nahezu alle 65 Blätterteig-Proben stammten aus deutscher Produktion.

Mykotoxine

In einem Viertel der Blätterteig-Proben und in nahezu allen Brotteigen wurde DON nachgewiesen. 90% aller Gehalte waren geringer als 110 µg/kg und somit weit unter dem Höchstgehalt von 350 µg/kg.

Mit OTA waren 25% der Blätterteig-Proben und 41% der Brotteige kontaminiert. 90% der Proben wiesen Gehalte von weniger als 0,6 µg/kg auf und lagen damit ebenfalls weit unterhalb des Höchstgehalts von 3 µg/kg.

Die Abbildungen 5-7 und 5-8 zeigen, dass die DON- und OTA-Kontamination der Brotteige größenordnungsmäßig der

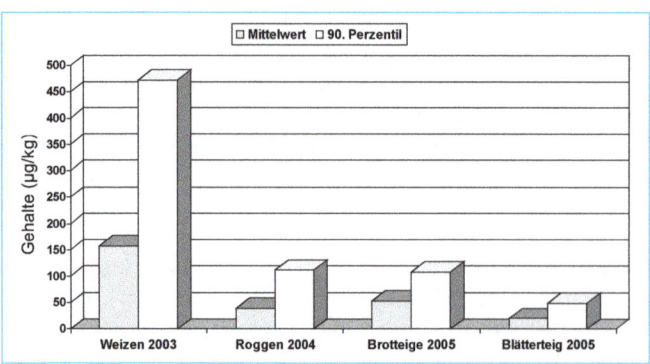

Abb. 5-7 DON- Gehalte in Blätter- und Brotteigen im Vergleich zu Getreide (Zum Vergleich: Der zulässige Höchstgehalt liegt bei 350 µg/kg in Getreideerzeugnissen und 500 µg/kg im Getreidekorn.).

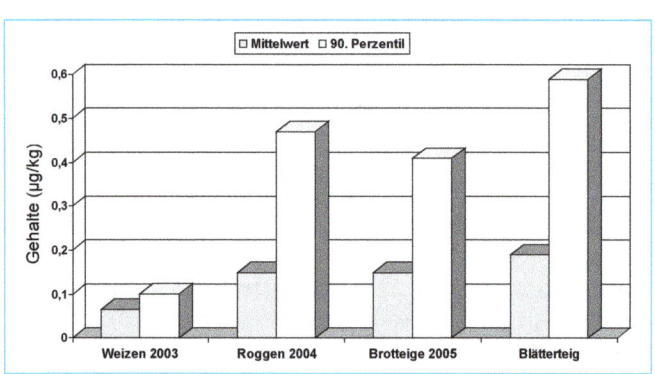

Abb. 5-8 OTA-Gehalte in Blätter- und Brotteigen im Vergleich zu Getreide (Zum Vergleich: Der zulässige Höchstgehalt liegt bei 3 µg/kg in Getreideerzeugnissen.).

von Roggen aus der vorjährigen Ernte entspricht. Es liegt somit die Vermutung nahe, dass viele dieser Brotteige aus Roggenmehlen des Jahres 2004 hergestellt waren. Bei den hauptsächlich aus Weizenmehl hergestellten Blätterteigen ist dagegen keine Korrelation zu den entsprechenden Gehalten im Weizen der Ernte 2003 zu erkennen, da die DON-Gehalte wesentlich geringer und die OTA-Konzentrationen deutlich höher sind als im Weizen aus dem Jahr 2003.

Elemente

Die Blätter- und Brotteige wurden auf die Gehalte an Arsen, Blei, Cadmium, Kupfer, Nickel, Selen und Zink analysiert. Tabelle 5-2 gibt eine Übersicht über die Nachweishäufigkeit und die mittleren Gehalte der Elemente.

Tab. 5-2 Anteil quantifizierter Elemente und deren mittlere Gehalte.

Element	Anteil positiver Befunde (%)		Mittelwerte (mg/kg)	
	Blätterteig	Brotteige	Blätterteig	Brotteige
Arsen	29,6	18,5	0,040	0,016
Blei	16,9	20,0	0,031	0,025
Cadmium	83,1	75,4	0,012	0,013
Kupfer	97,2	67,7	0,670	1,376
Nickel	49,3	16,9	0,066	0,113
Selen	46,5	7,7	0,019	0,021
Zink	100,0	100,0	3,721	8,447

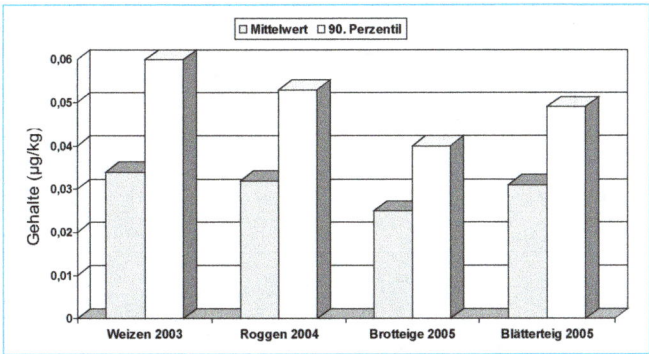

Abb. 5-9 Blei-Gehalte in Blätter- und Brotteigen im Vergleich zu Getreide (Zum Vergleich: Der zulässige Höchstgehalt liegt bei 0,2 mg/kg in Getreide.).

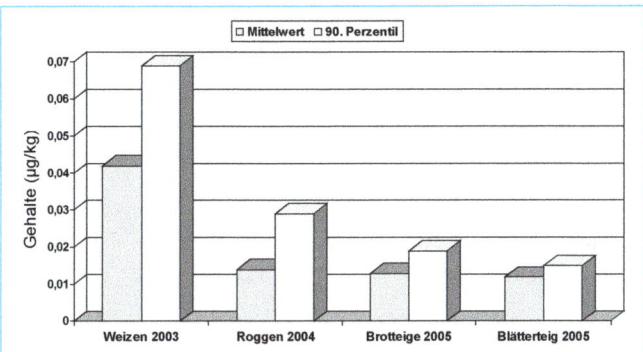

Abb. 5-10 Cadmium-Gehalte in Blätter- und Brotteigen im Vergleich zu Getreide (Zum Vergleich: Der zulässige Höchstgehalt liegt bei 0,1 mg/kg in Roggen und 0,2 mg/kg in Weizen.).

Die mittleren Gehalte waren mit Ausnahme der essenziellen Spurenelemente Kupfer und Zink sehr gering und bewegten sich im Bereich von 0,01 mg/kg–0,06 mg/kg. Höchstgehalte wurden nicht überschritten. Beispielhaft sind in den Abbildungen 5-9 und 5-10 die Blei- und Cadmium-Gehalte dargestellt. Die Blei-Gehalte der Brot- und Blätterteige stimmen nahezu mit denen im Getreide überein. Wie bei DON und OTA waren die Cadmium-Gehalte vergleichbar mit Roggen 2004, aber deutlich geringer als im Weizen 2003.

Fazit
Blätterteige und Brotteige waren nur gering mit Mykotoxinen und Schwermetallen kontaminiert und bestätigen das günstige Bild für Getreide aus den Vorjahren.

5.5
Ölsamen

Leinsamen/Mohn

Leinsamen hat sich als nebenwirkungsarmes, mild laxierendes Mittel zur Pflege der Gesundheit des Magen-Darm-Trakts bewährt und wird deshalb auch vielen Lebensmitteln wie Brot und Müsli zugesetzt. Die Resorption der Inhaltsstoffe des Leinsamens - und somit auch der Schadstoffe – hängt vom Zerkleinerungsgrad ab und ist folglich im geschroteten Korn am größten und im ganzen Korn am geringsten.

Leinsamen wurde bereits im Monitoring 1999 intensiv auf Pflanzenschutzmittelrückstände und auf die Schwermetalle Blei und Cadmium geprüft, wobei eine hohe Kontamination mit Cadmium festgestellt wurde. Neben Leinsamen zählen Kakao, Mohn und Sonnenblumenkerne zu den Lebensmitteln mit den potenziell höchsten Cadmium-Gehalten, da die Pflanzen dieses Schwermetall selektiv aus dem Boden aufnehmen und in den Samen akkumulieren.

Mohn galt schon in der Antike als Kraftnahrung. Wegen ihres nussartigen und leicht bitteren Aromas werden die gemahlenen Samen des Schlafmohns (Gartenmohn) gern für Süßspeisen und Kuchen und der ungemahlene Samen zum Würzen von Brot, Brötchen und Käsegebäck verwendet.

Zur Überprüfung der Kontaminationssituation wurden im Monitoring 2005 erneut 73 Proben von braunen Leinsamen sowie erstmalig 73 Mohn-Proben auf Elemente und zusätzlich auf das Mykotoxin OTA untersucht. Leinsamen wurde diesmal nicht auf Pflanzenschutzmittel analysiert, da im Jahr 1999 praktisch keine Rückstände gefunden worden waren.

Ochratoxin A (OTA)
OTA wurde nur in 7,9 % aller Leinsamen- bzw. in 14,7 % der Mohn-Proben nachgewiesen. Die Konzentrationen waren sehr gering und lagen in der Regel unter 0,41 µg/kg bei Mohn und 0,15 µg/kg bei Leinsamen (s. Abb. 5-11).

Elemente
Leinsamen und Mohn wurden auf die Gehalte an Arsen, Blei, Cadmium, Kupfer, Selen und Zink untersucht. Arsen wurde in einem Viertel der Leinsamen- und 58 % der Mohnproben gefunden. Die entsprechenden Anteile für Blei lagen bei 30 % in Leinsamen und 38 % in Mohn. Selen wurde in beiden Lebensmitteln in drei Viertel der Proben quantifiziert und Cadmium, Kupfer und Zink waren erwartungsgemäß in nahezu allen Proben nachzuweisen.

In Abbildung 5-12 sind die Cadmium-Gehalte dargestellt, auch im Vergleich zu Sonnenblumenkernen und zu den früheren Befunden in Leinsamen aus dem Jahr 1999. Sie waren bei Leinsamen unwesentlich niedriger als 1999. Die Cadmium-Gehalte in Mohn und Sonnenblumenkernen aus dem Jahr 2000 lagen in vergleichbarer Größenordnung. Im Maximum betrugen sie 1,3 mg/kg in Mohn und 0,7 mg/kg in Leinsamen,

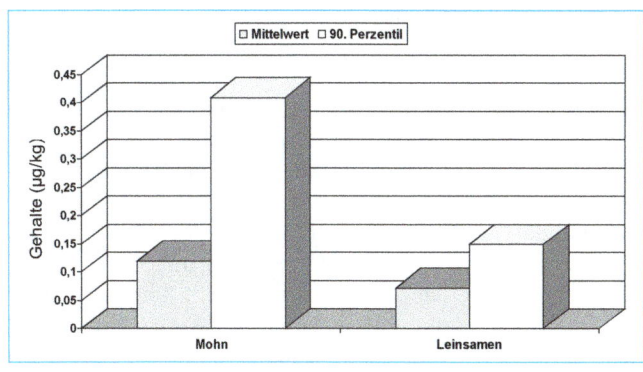

Abb. 5-11 OTA-Gehalte in Leinsamen und Mohn.

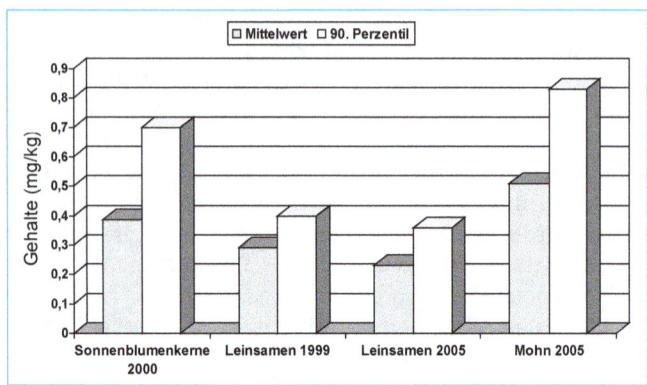

Abb. 5-12 Cadmium-Gehalte in verschiedenen Ölsamen und im Jahresvergleich.

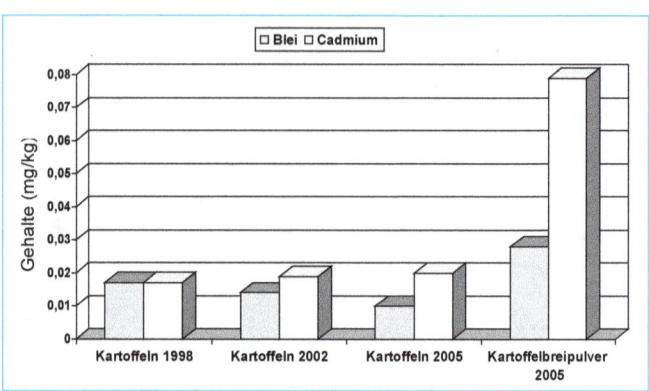

Abb. 5-13 Mittlere Blei- und Cadmium-Gehalte in Kartoffeln und Kartoffelprodukten (Zum Vergleich: Die zulässigen Höchstgehalte liegen bei 0,1 mg/kg für geschälte Kartoffeln.).

und im Vergleich dazu in Sonnenblumenkernen 1,1 mg/kg im Jahr 2000.

Die Gehalte der anderen Elemente waren gering. Die mittleren Blei-Gehalte von 0,04 mg/kg–0,06 mg/kg sind ähnlich denen der bisher untersuchten Ölsamen. Bei Leinsamen wird das Ergebnis aus dem Jahr 1999 bestätigt.

Fazit
Leinsamen und Mohn waren hinsichtlich Häufigkeit und Konzentration nur gering mit Ochratoxin A kontaminiert. Außer für Cadmium ist auch die Kontamination mit Schwermetallen gering. Cadmium wird von diesen Ölsamen produzierenden Pflanzen selektiv aus dem Boden aufgenommen und in den Samen akkumuliert, wodurch die relativ hohe Cadmium-Kontamination begründet ist. Eine nachhaltige Reduzierung ist nur durch Anbau auf Cadmium armen Böden möglich.

5.6 Kartoffeln

Ähnlich wie Getreide haben auch Kartoffeln hierzulande eine herausragende Bedeutung für die Ernährung. Deshalb waren sie bereits in den Jahren 1998 und 2002 Gegenstand intensiver Untersuchungen im Monitoring. Dabei konnte stets eine erfreulich geringe Kontamination mit unerwünschten Stoffen festgestellt werden. Zur erneuten Überprüfung der Kontaminationssituation wurden im Jahr 2005 im Rahmen des KÜP der EU 102 Proben auf Gehalte von Pflanzenschutzmittelrückständen, Elemente und Nitrat untersucht.

Pflanzenschutzmittel
Trotz der gegenüber den Jahren 1998 und 2002 wesentlich größeren Anzahl untersuchter Pflanzenschutzmittelrückstände waren wieder nahezu drei Viertel aller Proben ohne nachweisbare Rückstände. Von den 130 Stoffen wurden nur Rückstände von 20 Wirkstoffen quantifiziert. Dabei wurde wie schon in den Vorjahren Chlorpropham mit 16,7 % am häufigsten gefunden, das bei der Lagerung zur Keimhemmung angewendet wird und durch Waschen und Schälen weitgehend entfernt werden kann. Mit 10,6 % war auch Pencycuron häufig nachzuweisen, mit dem die Pflanzkartoffeln vor dem Legen gegen Pilzkrankheiten behandelt werden. Für das Fungizid Procymidon und für die ebenfalls fungiziden Dithiocarbamate waren die Höchstmengen in je einer Probe überschritten. Die Überschreitungsrate von insgesamt 2 % ist vergleichsweise gering.

Der Anteil mit Mehrfachrückständen war mit 10 % ebenfalls relativ gering. Als Maximum wurden in einer Probe vier Stoffe gleichzeitig bestimmt.

Elemente
Die Kartoffeln wurden auf die Elemente Arsen, Blei, Cadmium, Kupfer, Selen und Zink analysiert. Arsen wurde nur in einer Probe in sehr geringer Konzentration nachgewiesen. Blei und Selen wurden in einem Fünftel aller Proben gefunden, während die anderen Elemente in nahezu allen Proben bestimmt wurden.

Die Schwermetallgehalte waren wie schon in den Jahren 1998 und 2002 gering. Das wird in Abbildung 5-13 am Beispiel von Blei und Cadmium veranschaulicht. Selbst die maximalen Blei- und Cadmium-Konzentrationen lagen unter 0,1 mg/kg. Höchstgehalte wurden nicht überschritten. Erkennbar ist, dass die Blei-Gehalte über die Jahre tendenziell leicht abnehmen, während die Cadmium-Konzentrationen geringfügig zugenommen haben.

Nitrat
Der mittlere Nitrat-Gehalt von 130 mg/kg ist nahezu identisch mit dem aus dem Jahr 1998 (128 mg/kg). 95 % aller Befunde waren kleiner als 268 mg/kg und auch der Maximalgehalt von 391 mg/kg hatte den für Kartoffeln typischen Bereich von <30–350 mg/kg nur geringfügig überschritten. Im Vergleich zu den meisten Gemüsearten liegen die Nitrat-Gehalte der Kartoffeln im unteren Bereich.

Fazit
Wie schon in den Jahren 1998 und 2002 festgestellt wurde, sind Kartoffeln nur gering mit Nitrat, Schwermetallen und mit Rückständen von Pflanzenschutzmitteln kontaminiert. Am häufigsten wurde das Keimhemmungsmittel Chlorpropham gefunden. Dieses lässt sich durch Waschen und Schälen weitgehend entfernen.

5.7
Kartoffelprodukte

Kartoffelpuffer/Kroketten/Kartoffelbreipulver/ Kartoffelkloßpulver

Von den zahlreich angebotenen Kartoffel-Fertigprodukten wurden im Monitoring 2005 erstmalig gegarte Kartoffelpuffer (67 Proben) und Kroketten (73 Proben) sowie Pulver für Kartoffelbrei und für Klöße (insgesamt 69 Proben) einbezogen. Mehr als 77 % stammten aus deutscher Produktion. Sie wurden auf die potenziell zu erwartenden Reaktionsprodukte Acrylamid (nur in Kartoffelpuffern und Kroketten) und HMF untersucht, die Kartoffelbreipulver und Kartoffelkloßpulver zusätzlich auf sieben ausgewählte Elemente.

Acrylamid
Vor der Zubereitung der verzehrsfertigen Kartoffelpuffer und Kroketten durch Frittieren enthielten ein bzw. zwei Drittel der darauf untersuchten Proben erwartungsgemäß sehr geringe Mengen Acrylamid. Das Maximum aller gefundenen Gehalte lag bei 61 µg/kg, die somit weit unter den bei der amtlichen Lebensmittelüberwachung in fertig zubereiteten Kartoffelpuffern ermittelten Werten von bis zu 3000 µg/kg (im Jahr 2005[4]) lagen.

HMF (5-Hydroxymethylfurfural)
HMF wurde in keinem dieser Kartoffel-Fertigprodukte quantifiziert.

Elemente
Kartoffelbreipulver und Kartoffelkloßpulver wurden auf die Elemente Arsen, Blei, Cadmium, Kupfer, Nickel, Selen und Zink untersucht. Arsen, Blei und Selen wurden nur in weniger als 15 % der Proben und im Mittel in sehr geringer Konzentration nachgewiesen. Nickel wurde in etwas mehr als der Hälfte aller Proben quantifiziert, wobei 90 % der Proben Gehalte <0,22 mg/kg aufwiesen bei einem Mittel von 0,12 mg/kg. Die anderen Elemente wurden in nahezu allen Proben gefunden.

Allein schon durch den Wasserentzug führt der Herstellungsprozess dieser Pulver zu einer Aufkonzentrierung der Elemente, wie in Abbildung 5-13 im Vergleich zu frischen Kartoffeln erkennbar ist. Für derartige Fertigprodukte gibt es keine Höchstgehalte für Schwermetalle, wohl aber für Blei und Cadmium mit je 0,1 mg/kg in frischen, geschälten Kartoffeln. Würde man diese Grenzwerte heranziehen, wären die Höchstgehalte für Cadmium und Blei in 8,7 % bzw. 2,9 % der Proben überschritten. Berücksichtigt man, dass die Produkte nicht ausschließlich aus Kartoffeln bestehen und dass diesen das Wasser weitgehend entzogen wurde, wäre der Höchstgehalt nach Umrechnung auf frische Kartoffeln über abgeschätzte Verarbeitungsfaktoren für Blei in keiner, wohl aber für Cadmium noch in zwei Proben, d. h. bei ca. 3 % überschritten.

Fazit
Die Fertigprodukte Kartoffelpuffer, Kroketten, Kartoffelbreipulver und Kartoffelkloßpulver sind hinsichtlich der untersuchten Reaktionsprodukte HMF und Acrylamid nicht oder nur gering kontaminiert. Die in den Kartoffelbrei- und Kartoffelkloßpulvern gemessenen Elementgehalte sind in der Regel gering. Einzelne Proben mit Blei- und Cadmium-Gehalten in der Nähe oder über den Höchstgehalten für Kartoffeln sollten Anlass sein, mögliche Kontaminationsquellen festzustellen (z. B. Standortfaktoren, Verarbeitung), um eine Minimierung der Gehalte zu erreichen.

5.8
Blattgemüse

Spinat

Nachdem Spinat schon 1998 und 2002 Gegenstand intensiver Monitoringuntersuchungen war, wurde dieses gesunde und häufig verzehrte Gemüse im Jahr 2005 erneut im Rahmen des KÜP der EU untersucht. Ein Vergleich der Ergebnisse über drei Untersuchungsjahre sollte bereits Aussagen zu Trends und Unterschieden zwischen frischem und tiefgefrorenem Spinat ermöglichen. Dazu wurden 89 Proben frischer Spinat und 64 tiefgekühlte Proben, somit insgesamt 153 Proben auf Pflanzenschutzmittel, Elemente und Nitrat analysiert. 82 % stammten aus Deutschland, 7 % aus Italien und 11 % aus anderen Staaten.

Pflanzenschutzmittel
Trotz erweitertem Untersuchungsspektrum war der Anteil an rückstandsfreien Proben bei frischem Spinat höher als 2002, bei Tiefkühlspinat vergleichbar mit den Jahren 1998 und 2002 (s. Abb. 5-14). Der Anteil rückstandsfreier Proben ist jedoch wie schon 1998 und 2002 wesentlich höher als bei frischer Ware. Das ist u. a. auf die Aufbereitung über Waschen und Blanchieren zurück zu führen, aber auch auf Pflanzenschutzmittel-Minimierungsstrategien einiger Hersteller, z. B. durch Vertragsanbau und Anwendung mechanischer und biologischer Pflanzenschutzmaßnahmen. Allerdings wurde sowohl bei Tiefkühlspinat (4,7 %) als auch bei frischem Spinat (5,6 %) ein höherer Anteil an Höchstmengenüberschreitungen festgestellt.

Von den 130 untersuchten Stoffen wurden Rückstände von 40 Wirkstoffen gefunden, am häufigsten von Phenmedipham in 26,2 % und Lambda-Cyhalothrin in 11,8 % aller Proben. Die mittleren Gehalte lagen nur bei wenigen Stoffen geringfügig über 0,01 mg/kg.

Die Höchstmengenüberschreitungen bezogen sich auf Rückstände von fungiziden Dithiocarbamaten (dreimal) sowie je einmal auf Endosulfan, Methamidophos, Tolclofos-methyl, Dimethoat, Chlorpropham und Iprodion.

Die Auswirkungen der reinigenden Aufbereitungsschritte bzw. Pflanzenschutzmittel-Minimierungsstrategien bei Tiefkühlspinat werden auch im Hinblick auf Mehrfachrückstände deutlich: In nur einer Probe wurden maximal zwei Rückstände gefunden, während der Anteil mit Mehrfachrückständen bei frischem Spinat 15,7 % betrug, bei maximal drei Rückständen in einer Probe.

---
[4] Siehe unter www.bvl.bund.de, Lebensmittel < Unerwünschte Stoffe & Organismen < Acrylamid < Kartoffelpuffer

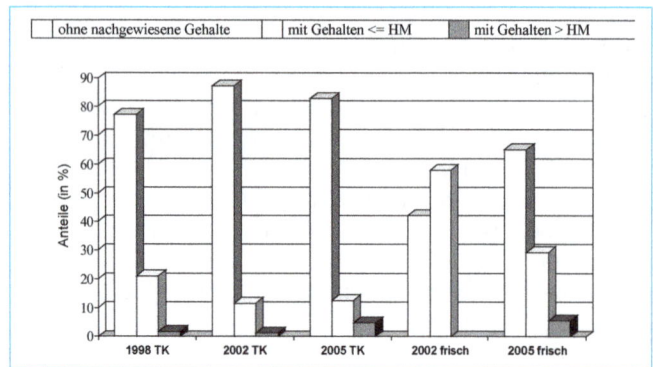

Abb. 5-14 Pflanzenschutzmittelrückstände in Spinat im Jahresvergleich.

Elemente

Spinat wurde auf die Gehalte der Elemente Arsen, Blei, Cadmium, Kupfer, Selen, Thallium und Zink analysiert. Selen und Thallium wurden nur in etwa einem Viertel aller Proben und Arsen in 44 % der Proben gefunden. Blei war mit 80 % weit häufiger nachzuweisen und die anderen Elemente waren in allen bzw. nahezu allen Proben bestimmbar.

Die Element-Gehalte sind mit Ausnahme von Cadmium im Allgemeinen gering. Die 90. Perzentile lagen für Arsen, Blei und Selen unter 0,1 mg/kg. Für Thallium wurden sehr geringe Gehalte gemessen, die selbst im Maximum nur geringfügig über der Bestimmungsgrenze von 0,02 mg/kg lagen. Für Selen und Kupfer wurden gegenüber den Vorjahren etwas höhere Konzentrationen bestimmt, die bei Kupfer (90. Perzentil bei 1,9 mg/kg) evtl. auch ein Indiz für die Anwendung als Fungizid sind.

Die schon 1998 und 2002 festgestellte mittelgradige Kontamination mit Cadmium wurde auch durch das Monitoring 2005 bestätigt. Das 90. Perzentil lag bei 0,16 mg/kg und in 2,7 % der Proben war der Höchstgehalt von 0,2 mg/kg überschritten. Für Blei lag in einer Probe der Gehalt mit 0,33 mg/kg über dem Höchstgehalt von 0,3 mg/kg.

Nitrat

Spinat besitzt bekanntermaßen relativ hohe Nitratgehalte. Ähnlich wie schon im Jahr 2002 wurden auch im Monitoring 2005 bei 14 Proben (9,2 %) Höchstgehaltsüberschreitungen festgestellt, diesmal ausschließlich bei frischem Spinat. Die Gehalte in frischem Spinat sind jedoch insgesamt gegenüber 2002 gesunken, wie Abbildung 5-15 zeigt. Bei Tiefkühl-Spinat werden seit 1998 nahezu konstante Nitrat-Gehalte beobachtet, die im Allgemeinen deutlich geringer als in frischer Ware ausfallen, da u. a. Minimierungsstrategien der Hersteller und das Waschen und Blanchieren vor dem Einfrieren zu einer Verringerung der Nitratgehalte führen.

Fazit

Tiefgekühlter Spinat ist bedingt durch Verarbeitung und Minimierungsstrategien der Hersteller gering, frischer Spinat hingegen mittelgradig mit Rückständen an Pflanzenschutzmitteln kontaminiert. Die Kontamination mit Schwermetallen ist insgesamt gering. Wie schon bei früheren Monitoringuntersuchungen wurden jedoch erneut erhöhte Cadmiumgehalte gefunden. Es wird empfohlen, Spinat nur auf Cadmium armen Böden anzubauen. Eine Minimierungsstrategie ist auch bezüglich Nitrat in frischem Spinat zu entwickeln, da die Konzentrationen gegenüber denen im Tiefkühl-Spinat nach wie vor relativ hoch sind und erneut Überschreitungen des Höchstgehalts festgestellt wurden.

5.9
Sprossgemüse

Artischocke

Artischocken erfreuen sich zunehmender Beliebtheit und sind mittlerweile ganzjährig im Angebot. Im Monitoring 2005 wurden erstmalig 54 Proben auf 131 Pflanzenschutzmittelrückstände, auf Elemente und auf Nitrat geprüft. Je ein Drittel stammten aus Frankreich und Italien, jeweils 9 % aus Spanien und Ägypten, der Rest aus anderen Staaten.

Pflanzenschutzmittel

Artischocken waren nur sehr gering mit Pflanzenschutzmittelrückständen kontaminiert, wie Abbildung 5-16 zeigt. Der überwiegende Anteil der Proben war ohne messbare Rückstände (72,2 %) und nur in einer Probe (1,9 %) wurde die Höchstmenge von 0,02 mg/kg für das fungizide Procymidon überschritten.

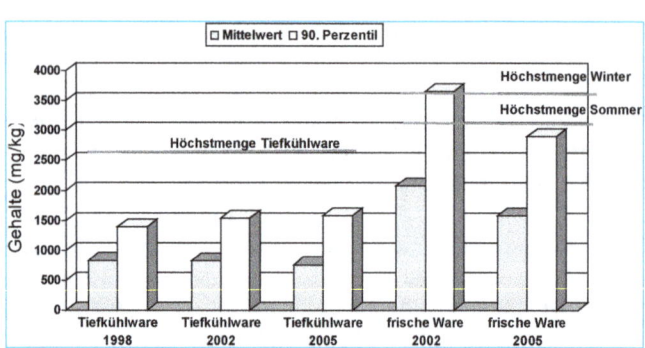

Abb. 5-15 Nitratgehalte von frischem Spinat und Tiefkühlware im Jahresvergleich.

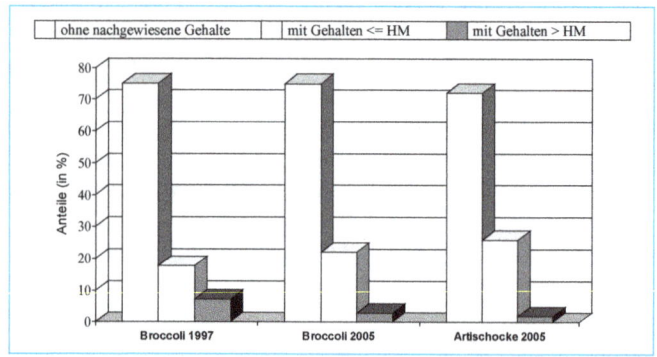

Abb. 5-16 Pflanzenschutzmittelrückstände in Artischocke und Broccoli im Jahresvergleich.

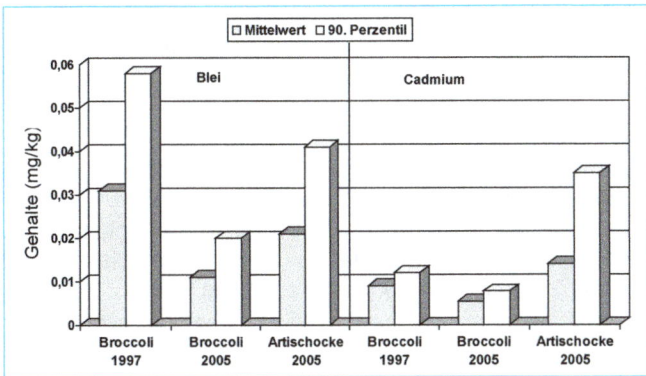

Abb. 5-17 Blei- und Cadmium-Gehalte in Artischocken und Broccoli im Jahresvergleich (Zum Vergleich: die zulässigen Höchstgehalte liegen bei 0,1 mg/kg).

Von den 131 untersuchten Stoffen wurden lediglich Rückstände von 13 Wirkstoffen gefunden, dabei häufig nur das Fungizid Myclobutanil (in 11 % aller Proben). Die mittleren Konzentrationen waren sehr niedrig und nur in einem Fall geringfügig über 0,01 mg/kg. Der Anteil mit Mehrfachrückständen war mit 9,3 % ebenfalls relativ gering. In einer Probe wurden maximal vier Stoffe gleichzeitig bestimmt.

Elemente
Die Artischocken wurden auf Arsen, Blei, Cadmium, Kupfer, Selen, Thallium und Zink untersucht. Selen und Thallium waren nur in weniger als 4 % aller Proben quantifizierbar. Auch Arsen und Blei wurden nur in 11 % bzw. 24 % der Proben bestimmt. Cadmium war in drei Viertel aller Proben zu finden und Kupfer sowie Selen fast immer. Die Element-Gehalte waren insgesamt gering, wie Abbildung 5-17 am Beispiel von Blei und Cadmium zeigt. Überschreitungen von Höchstgehalten waren nicht zu verzeichnen.

Nitrat
Die Artischocken enthielten nur relativ wenig Nitrat. 90 % der Proben hatten Gehalte kleiner als 72 mg/kg und auch der Maximalgehalt von 325 mg/kg war vergleichsweise gering.

Fazit
Artischocken sind nur sehr gering mit Pflanzenschutzmittelrückständen, Elementen und Nitrat kontaminiert.

Broccoli

Broccoli gilt als Vorfahre des Blumenkohls. Er wird gern verzehrt, nicht zuletzt deshalb, weil er im Vergleich zu anderen Kohlarten leicht verdaulich ist und sich deshalb auch als Schonkost eignet und weil man ihn sowohl roh als auch gegart genießen kann.

Broccoli wurde bereits im Monitoring 1997 untersucht. Dabei wurden eine geringe Kontamination mit Blei und Cadmium und mittlere Nitrat-Gehalte festgestellt, aber häufig Pflanzenschutzmittelrückstände. Hier waren es vor allem geringe Spuren an Bromid und Dithiocarbamaten (DTC), die aber auch natürlichen Ursprungs sein können und dann eine qualifizierte Einschätzung der Rückstandssituation erschweren. Die erneute Untersuchung im Jahr 2005 sollte zeigen, inwieweit sich die Kontaminationssituation verändert hat. Dazu wurden in 71 Broccoli-Proben wiederum Rückstände von Pflanzenschutzmitteln, Elemente sowie Nitrat untersucht. 70 % stammten aus deutscher Produktion, 18 % aus Spanien und 8,5 % aus Italien.

Pflanzenschutzmittel
Broccoli wurde auf insgesamt 131 Wirkstoffe und deren Metabolite analysiert. DTC und Bromid wurden diesmal nicht berücksichtigt, denn beide Stoffe können aus natürlichen Quellen stammen. Nachweisbare geringe Gehalte sind daher nicht oder nur sehr schwierig sachgerecht zu bewerten. Bromid kommt ubiquitär im Boden vor, so dass die niedrigen Befunde nicht zwangsläufig auf die Verwendung bromhaltiger Begasungsmittel zurück zu führen sind. DTC werden üblicherweise indirekt über die Messung von abgespaltenem Schwefelkohlenstoff bestimmt. Allerdings besitzt Broccoli selbst schwefelhaltige Inhaltsstoffe, die während der Rückstandsanalyse zu Schwefelkohlenstoff umgewandelt werden können. Damit kann nicht entschieden werden, ob vor allem niedrige Gehalte an gemessenem Schwefelkohlenstoff tatsächlich aus einer Anwendung von DTC als Fungizid stammen oder in einem nicht bekannten Umfang biogenen Ursprungs sind. Ohne diese beiden Stoffe war wie bereits 1997 ein hoher Anteil von 75 % aller Proben ohne messbare Rückstände (s. Abb 5-16), obwohl 2005 auf ein insgesamt stark erweitertes Stoffspektrum untersucht wurde. Der Anteil mit Konzentrationen über den Höchstmengen betrug 2,9 % und lag damit deutlich niedriger als 1997.

Überschreitungen der Höchstmengen wurden nur bei Dimethoat und Chlorpyrifos beobachtet. Insgesamt waren nur Rückstände von 16 Pflanzenschutzmittel-Wirkstoffen nachzuweisen. Kein Stoff war in mehr als 10 % der Proben bestimmbar. Die mittleren Gehalte waren sehr gering und lagen stets unter 0,01 mg/kg. Der Anteil der Proben mit Mehrfachrückständen war mit 7,4 % ebenfalls relativ gering. Maximal wurden drei Stoffe in nur einer Probe gefunden.

Elemente
Analog zu den Artischocken wurde auch Broccoli auf die Gehalte der Elemente Arsen, Blei, Cadmium, Kupfer, Selen, Thallium und Zink geprüft. Blei und Selen waren in nur 6 % aller Proben bestimmbar. Arsen wurde wie bei den Artischocken nur in 12 % gefunden und Cadmium sowie Thallium in ca. einem Drittel der Proben. Kupfer und Zink waren fast immer nachzuweisen.

90 % der Gehalte lagen bei Kupfer unter 0,6 mg/kg, bei Zink unter 6,8 mg/kg und bei den anderen Elementen stets unter 0,03 mg/kg. Gegenüber 1997 haben sich die Blei- und Cadmium-Gehalte halbiert und liegen damit auf sehr geringem Niveau. Höchstgehalte wurden nicht überschritten.

Nitrat
Im Vergleich zu 1997, als eine mittlere Nitratbelastung für Broccoli im Bereich von 500-1000 mg/kg festgestellt wurde, waren die im Jahr 2005 bestimmten Gehalte fast um die Hälfte niedriger. Der mittlere Gehalt lag bei 236 mg/kg und das 90. Perzentil bei relativ geringen 490 mg/kg.

Fazit

Broccoli ist wieder einmal ein nur gering mit Schwermetallen, Nitrat und Pflanzenschutzmitteln kontaminiertes Gemüse.

5.10
Fruchtgemüse

Grüne Bohnen

Bohnen sind reich an Vitaminen, Eiweiß und Mineralien. Sie sind in allen Kulturkreisen ein ausgesprochen wertvolles Nahrungsmittel und sind nicht zuletzt deshalb in der Liste der Lebensmittel, die regelmäßig im Rahmen des KÜP der EU zu untersuchen sind. Sie wurden bereits in den Jahren 1995, 1996 und 2002 im Monitoring intensiv untersucht. Die Ergebnisse aus dem Jahr 2002 zeigten eine mittelgradige Kontamination mit Pflanzenschutzmittelrückständen und Nitrat, während die Schwermetall-Gehalte sehr gering waren.

Im Monitoring 2005 wurden erneut 131 Proben von frischen bzw. tiefgefrorenen grünen Bohnen auf Pflanzenschutzmittelrückstände, Elemente und Nitrat analysiert. Etwa die Hälfte stammte aus deutscher Produktion, daneben in geringen Anteilen u. a. aus den Niederlanden, aus Polen und Ägypten.

Pflanzenschutzmittel

Das Untersuchungsspektrum umfasste 131 Wirkstoffe und Metabolite. Die Anteile von Proben ohne und mit messbaren Rückständen sowie Gehalten über den Höchstwerten waren auch nach Erweiterung des Untersuchungsspektrums und Verbesserung der Nachweisempfindlichkeit identisch mit den Befunden aus dem Jahr 2002, wie Abbildung 5-18 verdeutlicht. Damit hat sich an der mittelgradigen Kontamination nichts geändert. Insgesamt wurden nur Rückstände von 27 Wirkstoffen gefunden. Wie schon im Jahr 2002 wurde Vinclozolin mit 23,7% am häufigsten gefunden. Die mittleren Gehalte lagen nur bei Vinclozolin und Azoxystrobin geringfügig über 0,01 mg/kg. Die Höchstmengenüberschreitungen in 6,9% der Proben betrafen viermal Chlorthalonil (Herkunft Polen), zweimal Fludioxonil und je einmal Azoxystrobin, Chlorpyrifos, Dithiocarbamate, Dimethoat, Endosulfan, Fenhexamid und Tolylfluanid.

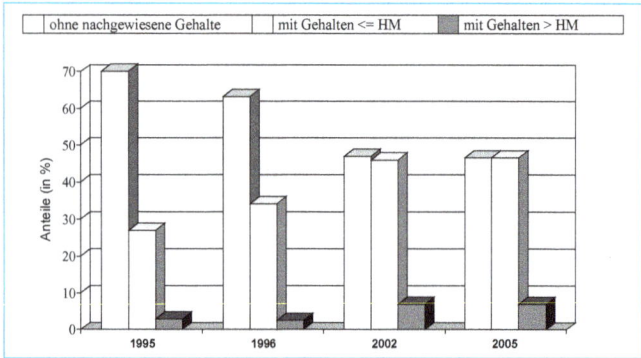

Abb. 5-18 Pflanzenschutzmittelrückstände in grünen Bohnen im Jahresvergleich.

Der Anteil mit Mehrfachrückständen war mit 14,5% vergleichsweise gering. Lediglich eine Probe enthielt maximal fünf Rückstände.

Elemente

Die grünen Bohnen wurden auf die Gehalte an Arsen, Blei, Cadmium, Kupfer, Selen, Thallium und Zink analysiert. Thallium und Arsen wurden nur in einer (0,8% aller Proben) bzw. drei Proben (2,3%) gefunden, relativ selten auch Blei (10,8%) und Selen (9,2%). Cadmium konnte in fast einem Viertel der Proben bestimmt werden, und Kupfer sowie Zink in nahezu allen Proben. Die Gehalte der Elemente und speziell der Schwermetalle waren wie schon in den Jahren 1995, 1996 und 2002 sehr gering und vergleichbar mit den Befunden aus 2002. In 90% der Proben waren die Konzentrationen bei Arsen, Cadmium, Selen und Thallium kleiner als 0,02 mg/kg und bei Blei im Bereich von 0,04 mg/kg. Für Kupfer und Zink lagen die 90. Perzentile bei 1,0 mg/kg bzw. 3,7 mg/kg. Höchstgehalte waren nicht überschritten.

Nitrat

Der mittlere Nitrat-Gehalt lag bei 363 mg/kg und das 90. Perzentil bei 678 mg/kg, somit wieder im mittleren Bereich. Nahezu gleiche Befunde waren schon im Jahr 2002 festzustellen.

Fazit

An der mittelgradigen Kontamination von grünen Bohnen mit Rückständen an Pflanzenschutzmitteln und Nitrat hat sich gegenüber den Monitoringuntersuchungen im Jahr 2002 nichts geändert. Die mittleren Gehalte der Pflanzenschutzmittelrückstände lagen aber nur bei zwei Wirkstoffen geringfügig über 0,01 mg/kg. Die Kontamination mit Schwermetallen ist insgesamt gering.

5.11
Wurzelgemüse

Karotte

Karotten sind reich an Ballaststoffen, Mineralien und fettlöslichem β-Carotin, der Vorstufe von Vitamin A. Sie werden heute weltweit in mehr als 60 Zuchtformen und hunderten Sorten angebaut, mit einer Jahresernte von etwa 13 Millionen Tonnen.

Als beliebtes und viel verzehrtes Gemüse waren Karotten bereits im Monitoring 1998 und 2002 Gegenstand intensiver Untersuchungen auf Pflanzenschutzmittelrückstände, Elemente und Nitrat. Dabei konnte eine erfreulich geringe Kontamination mit unerwünschten Stoffen festgestellt werden.

Entsprechend der Empfehlungen zum KÜP wurden im Jahr 2005 erneut 105 Proben von Karotten auf dieselben Stoffgruppen untersucht. Mehr als drei Viertel stammten aus inländischer Produktion, weitere 10% aus Italien und knapp 7% aus den Niederlanden.

Pflanzenschutzmittel

Gegenüber 1998 und 2002 hat der Anteil ohne quantifizierbare Rückstände leicht abgenommen (s. Abb. 5-19), sicherlich

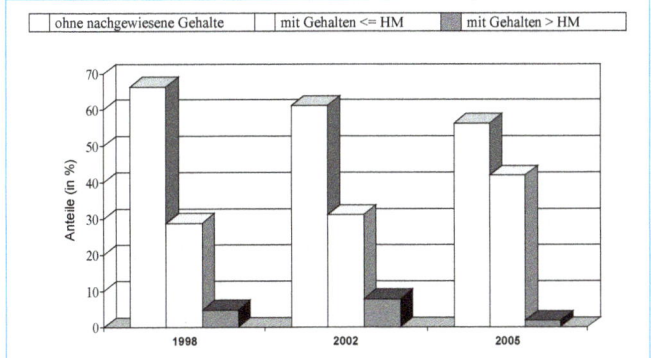

Abb. 5-19 Pflanzenschutzmittelrückstände in Karotten im Jahresvergleich.

auch als Ergebnis der verbesserten Analytik und des umfangreicheren und besser angepassten Stoffspektrums. Jedoch nur in 1,9 % der Proben wurden die Höchstmengen für Diniconazol bzw. Ethoprophos geringfügig überschritten. Von den 131 untersuchten Stoffen wurden Rückstände von 20 Wirkstoffen gefunden, häufig dabei nur die Fungizide Difenoconazol (24 %) und Azoxystrobin (12 %). Die mittleren Rückstandsgehalte lagen nur vereinzelt geringfügig oberhalb von 0,01 mg/kg.

Mehrfachrückstände waren in nur 16 Proben, d. h. 15,2 %, zu verzeichnen. Lediglich in einer Probe wurden maximal vier Rückstände gefunden.

Elemente

Die Karotten wurden auf den Gehalt der Elemente Arsen, Blei, Cadmium, Kupfer, Selen, Thallium und Zink geprüft. Arsen und Thallium waren nur in 13 % bzw. 7 % der Proben zu quantifizieren; Selen in einem Viertel und Blei in der Hälfte aller Proben. Cadmium, Kupfer und Zink konnten fast immer nachgewiesen werden. Wie schon in den Vorjahren waren die Gehalte im Allgemeinen gering. Bei Arsen, Blei, Cadmium, Selen und Thallium lagen 90 % der Konzentrationen unterhalb 0,04 mg/kg. Höchstgehaltsüberschreitungen traten nicht auf.

Nitrat

Die Nitrat-Belastung der Karotten war auch im Jahr 2005 gering und vergleichbar mit der im Jahr 2002. Der mittlere Nitratgehalt ist seit 1998 rückläufig und lag im Jahr 2005 bei 135 mg/kg. Das 90. Perzentil betrug 323 mg/kg.

Fazit

Karotten sind nur gering mit Pflanzenschutzmittelrückständen, Schwermetallen und Nitrat kontaminiert. Die Überschreitungen der Höchstmengen sind bei Pflanzenschutzmittelrückständen gegenüber 2002 deutlich gesunken und traten bei Schwermetallen nicht mehr auf. Die Nitratbelastung hat sich seit 1998 stetig verringert.

5.12 Pilzerzeugnisse

Champignons in Konserven/Shiitakepilz, getrocknet

Der Zuchtchampignon ist der wirtschaftlich bedeutsamste Speisepilz und wird ganzjährig angeboten. Letzteres gilt auch für den zunehmend beliebten Shiitake. Dieser Pilz wird bereits seit rund 1000 Jahren in China und Japan als Speise- und Heilpilz kultiviert. Als Kulturpilze sind Champignons wie Shiitake eigentlich nur kontrollierten Umwelteinflüssen ausgesetzt. Sie sollten daher auch keine auffälligen Gehalte an Schwermetallen und radioaktiven Substanzen wie die Wildpilze aufweisen. Dies setzt allerdings voraus, dass bei der Kultivierung keine kontaminierten Substrate eingesetzt werden.

Wegen ihrer großen Marktbedeutung wurden Zuchtchampignons bereits im Monitoring 1999 auf Pflanzenschutzmittelrückstände, Schwermetalle und Nitrat untersucht. Wie bei Kulturpilzen zu erwarten, war die Kontamination im Allgemeinen gering. Daher wurde im Monitoring 2005 die Untersuchung von Champignon-Konserven und getrockneten Shiitake auf die Element-Gehalte fokussiert. Die 82 Proben von Champignon-Konserven stammten hauptsächlich aus Deutschland (45 %), den Niederlanden (24 %) und Frankreich (13 %), während die 75 Proben von getrockneten Shiitake zur Hälfte aus Deutschland, zu 24 % aus China und zu 12 % aus Vietnam kamen. Die restlichen Proben verteilten sich auf andere Herkünfte.

Elemente

Die Pilzerzeugnisse wurden auf die Elemente Arsen, Blei, Cadmium, Kupfer, Quecksilber, Selen und Zink untersucht; die Champignon-Konserven darüber hinaus noch auf Zinn, das vom Dosenmaterial übergegangen sein könnte.

	Anteil mit quantifizierbaren Gehalten (%)		Mittelwert (mg/kg)	
	Champignon, Konserve	Shiitake, getrocknet	Champignon, Konserve	Shiitake, getrocknet
Arsen	18,7	96,0	0,011	0,332
Blei	14,6	93,3	0,011	0,160
Cadmium	63,4	100	0,005	0,823
Kupfer	100	100	1,277	8,571
Quecksilber	55,3	83,6	0,009	0,026
Selen	78,7	87,8	0,054	0,145
Zink	100	100	3,721	70,249
Zinn	62,8	–	31,140	–

Tab. 5-3 Anteil mit quantifizierbaren Gehalten in Pilzerzeugnissen.

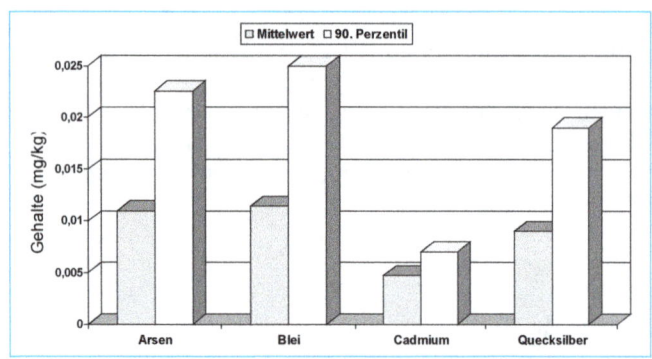

Abb. 5-20 Elementgehalte in Champignon-Konserven.

In Tabelle 5-3 sind die Nachweishäufigkeiten und mittleren Gehalte der in den Pilzerzeugnissen untersuchten Elemente gegenüber gestellt. Im Gegensatz zu den Champignons in Konserven wurden die untersuchten Elemente in Shiitake sehr häufig oder immer gefunden und dabei in deutlich höherer Konzentration. Das ist mit Sicherheit auch darauf zurück zu führen, dass die Trocknung zu einer Aufkonzentrierung geführt hat. Im Gegensatz dazu muss bei den Champignon-Konserven ein Verdünnungsschritt berücksichtigt werden, weil nicht nur die Pilze (Abtropfgewicht) herangezogen, sondern der gesamte Konserveninhalt als verzehrsfertiges Lebensmittel analysiert wurde.

In Abbildung 5-20 sind beispielhaft für Arsen, Blei, Cadmium und Quecksilber noch die 90. Perzentile dargestellt.

Die mittleren Element-Gehalte in den Champignon-Konserven waren im Allgemeinen gering und größenordnungsmäßig gleich mit den im Jahr 1999 in frischen Zuchtchampignons gefundenen Werten. 10% der Proben wiesen jedoch einen für pflanzliche Lebensmittel vergleichsweise hohen Quecksilber-Gehalt im Bereich von 0,02–0,05 mg/kg auf.

Die Champignons in den Konserven waren außerdem mittelgradig mit Zinn kontaminiert. Die Zinn-Gehalte variierten sehr stark, wie der mittlere Gehalt von 31,1 mg/kg im Vergleich zu Median von 0,86 mg/kg und 90. Perzentil bei 155,4 mg/kg belegen. Die maximale Konzentration lag bei 251 mg/kg, damit über dem Höchstwert von 200 mg/kg für Zinn in Lebensmittelkonserven, der in insgesamt drei Proben (3,8%) überschritten war. Herkunftsbedingte Unterschiede der Höchstgehaltsüberschreitungen konnten bei den relativ geringen Probenzahlen nicht abgeleitet werden.

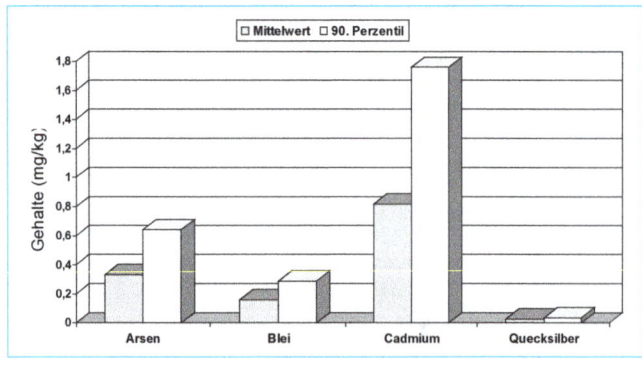

Abb. 5-21 Elementgehalte in getrockneten Shiitake.

Bei der Interpretation der Elementgehalte in Shiitake (s. Abb. 5-21) ist zu beachten, dass getrocknete Pilze nie direkt, sondern erst nach Wiederaufquellen mit der Mahlzeit verzehrt werden. Berücksichtigt man diesen „Verdünnungsfaktor" von ca. 1/12, können die mittleren Elementgehalte in den getrockneten Shiitake allgemein als niedrig bezeichnet werden. In acht Proben (11%) wurden jedoch Cadmium-Gehalte gefunden, die selbst nach Berücksichtigung des o. g. Verdünnungsfaktors über dem für frische Kulturpilze geltenden Höchstgehalt von 0,2 mg/kg für Cadmium lagen.

Fazit

Bezogen auf den mittleren Schwermetallgehalt in den frischen Pilzen ist die Kontamination von Shiitake und Champignons im Allgemeinen gering. Die Champignon-Konserven waren jedoch mittelgradig mit Zinn kontaminiert und bei den getrockneten Shiitake fielen einige erhöhte Cadmium-Befunde auf. Zur Kontamination von Pilzerzeugnissen mit Schwermetallen sollten deshalb weitere Datenerhebungen vorgenommen werden, ebenso bei den zur Verarbeitung vorgesehen frischen Pilzen. Außerdem ist zu fordern, dass einerseits das Substrat zur Anzucht der Kulturpilze schwermetallarm bzw. -frei ist und andererseits Kontaminationen durch die Verarbeitung und durch das Konservenmaterial minimiert werden.

5.13
Kernobst

Birne

Birnen sind in Deutschland sehr beliebt. Schon aufgrund ihres geringen Fruchtsäuregehalts sind sie leicht verdaulich und bekömmlich, somit die ideale Schonkost, und zudem noch süßer als Äpfel. Durch Importe auch aus der Südhalbkugel besteht ein ganzjähriges Angebot.

Im Monitoring wurden Birnen schon in den Jahren 1998 und 2002 auf das Vorkommen von Pflanzenschutzmittelrückständen und Elementen geprüft. Bei den letzten Untersuchungen wurden eine mittelgradige Kontamination mit Pflanzenschutzmittelrückständen und eine sehr geringe Kontamination mit Schwermetallen beobachtet.

Im Jahr 2005 wurden nun im Rahmen des KÜP wiederum 108 Proben auf dieselben Stoffgruppen untersucht. Davon stammten je ein Viertel aus Deutschland und Spanien, 18% aus Italien, 10% aus Südafrika und der Rest aus anderen Staaten.

Pflanzenschutzmittel

Das Untersuchungsspektrum umfasste 133 Wirkstoffe bzw. deren Abbau- und Umwandlungsprodukte. Trotz des umfangreichen Untersuchungsspektrums hat sich der Anteil ohne nachweisbare Gehalte gegenüber 2002 wieder leicht erhöht von 3,8% auf 7,4%. Der Anteil von 4,6% mit Überschreitungen der Höchstmengen ist deutlich gesunken im Vergleich zum Jahr 2002 (7,8%).

In den Birnen wurden Rückstände von insgesamt 58 Wirkstoffen gefunden. Häufig bestimmbar waren Dithiocarbamate (in 54% der Proben), Chlorpyrifos (28%), Captan (24%), Tolylfluanid (23%), Chlormequat (19%), Azinphos-methyl (16%) und jeweils zu 10% Chlorpyrifos-methyl und Procymidon.

Die Höchstmengenüberschreitungen wurden verursacht durch Fenhexamid (zweimal) und je einmal durch Acetamiprid, Lufenuron und Methoxyfenozid.

Die Rückstandsgehalte waren allgemein gering und lagen im Mittel nur vereinzelt über 0,01 mg/kg.

Ein hoher Anteil von 78% aller Proben wies Mehrfachrückstände auf; in zwei Proben waren dabei elf bzw. zwölf Stoffe gleichzeitig zu finden.

Elemente

In Birnen wurden die Gehalte an Arsen, Blei, Cadmium, Kupfer, Selen und Zink untersucht.

Selen war nur in 5 Proben (4,6%) bestimmbar, auch Arsen wurde lediglich in 13 Proben (12%) gefunden. In etwa einem Viertel bzw. der Hälfte der Proben konnten Blei bzw. Cadmium quantifiziert werden, während Kupfer und Zink fast immer zu finden waren.

Analog zu den Ergebnissen von 1998 und 2002 wurde auch für das Jahr 2005 eine allgemein geringe Kontamination mit Schwermetallen festgestellt.

90% der Befunde zu Arsen, Blei, Cadmium und Selen lagen bei oder geringfügig über 0,02 mg/kg. Selbst die Maximalkonzentrationen von Kupfer und Zink waren mit 2,3 und 3,5 mg/kg relativ gering. Nur in einer Probe war der Höchstgehalt von 0,1 mg/kg für Blei geringfügig überschritten.

Fazit

Birnen waren allgemein nur gering mit Pflanzenschutzmittelrückständen und Schwermetallen kontaminiert. Die Überschreitungen der zulässigen Höchstgehalte sind gegenüber 2002 deutlich gesunken.

5.14
Steinobst

Pfirsich/Nektarine

Pfirsiche und Nektarinen sind botanisch eng verwandt. Die große Beliebtheit beider Früchte beruht auf ihrer Fülle an Saft, Vitaminen, Mineralstoffen und Aromastoffen bei gleichzeitig niedrigem Gehalt an Faserstoffen. Die Einfuhr erfolgt fast das ganze Jahr über mit einem Schwerpunkt von Juni bis September.

Pfirsiche und Nektarinen waren bereits im Monitoring 1998 und 2002 Gegenstand intensiver Untersuchungen auf Pflanzenschutzmittelrückstände und Elemente. Dabei konnte im Jahr 2002 eine erfreulich geringe Kontamination mit Schwermetallen festgestellt werden. Bezüglich der Höchstmengenüberschreitungen bei Pflanzenschutzmitteln waren Nektarinen gering und Pfirsiche mittelgradig kontaminiert.

Entsprechend der Empfehlungen zum KÜP wurden im Jahr 2005 erneut 98 Proben von Pfirsichen sowie 41 Proben von Nektarinen untersucht. Insgesamt stammten jeweils 42% aus Italien und Spanien, fast 9% aus Frankreich und der Rest aus anderen Staaten. Damit bietet sich ein Vergleich der Rückstandssituation sowohl zwischen den Jahren als auch zwischen den Herkunftsländern Italien und Spanien an.

Pflanzenschutzmittel

Wie Abbildung 5-22 veranschaulicht, hat sowohl in Pfirsichen als auch in Nektarinen der Anteil mit Rückständen gegenüber 1998 und 2002 erheblich zugenommen, sicherlich auch bedingt durch verbesserte Nachweisempfindlichkeit und durch das umfangreichere und besser angepasste Stoffspektrum, mit dem mehr Stoffe erfasst werden konnten. Auch der Anteil der Höchstmengenüberschreitungen hat sich erhöht, weniger bei Nektarinen, vor allem aber bei Pfirsichen auf 15,3%, somit um fast das Doppelte gegenüber 8% im Jahr 2002.

Von den 131 untersuchten Stoffen wurden Rückstände von insgesamt 68 Wirkstoffen in beiden Früchten gefunden. Die häufig quantifizierten Stoffe waren die fungiziden Dithiocarbamate in 32% der Proben, Carbendazim in 23%, Etofenprox und Iprodion in 16%, Chlorpyrifos in 15% sowie Tebuconazol und Captan in 12 bzw. 11%. In Tabelle 5-4 sind die Nachweishäufigkeiten dieser Stoffe in den italienischen und spanischen Früchten gegenüber gestellt. Aus dieser Tabelle lassen sich gewisse Rückschlüsse auf die Anwendungshäufigkeit verschiedener Pflanzenschutzmittel in Italien und Spanien ziehen.

Die Rückstandsgehalte waren allgemein gering. Bis auf die Dithiocarbamate und Iprodion mit 0,04–0,05 mg/kg lagen die Konzentrationen im Mittel bei 0,01 mg/kg bzw. meistens darunter.

An den Höchstmengenüberschreitungen waren am häufigsten Acrinathrin (sechsmal) sowie Acephat und Vinclozolin

Stoff	Anteil mit quantifizierbaren Gehalten (%) nach Herkunft, bezogen auf die darauf untersuchten Proben beider Früchte	
	Italien	Spanien
Dithiocarbamate	17,5	43,1
Carbendazim	8,6	39,3
Etofenprox	35,0	0
Iprodion	5,2	20,7
Chlorpyrifos	19,0	10,3
Tebuconazol	13,8	5,2
Captan/Folpet	5,2	19,0

Tab. 5-4 Nachweishäufigkeit von Pflanzenschutzmittelrückständen in Pfirsichen und Nektarinen nach Herkunft.

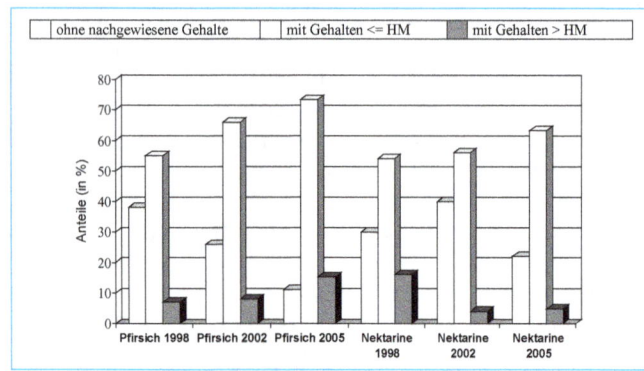

Abb. 5-22 Pflanzenschutzmittelrückstände in Pfirsich und Nektarine im Jahresvergleich.

(je zweimal) betroffen, wie Tabelle 5-5 zeigt. In Nektarinen lagen nur Fenazaquin und Fenpropathrin je einmal über den Grenzwerten.

Mehr als die Hälfte der Proben (59,7 %) wies Mehrfachrückstände auf. Am häufigsten waren zwei Stoffe nachzuweisen, in einer Probe wurden im Maximum zehn Rückstände gefunden.

Elemente

Die Pfirsiche und Nektarinen wurden auf die Gehalte der Elemente Arsen, Blei, Cadmium, Kupfer, Selen und Zink analysiert. Arsen konnte nur in drei Proben (2,3 %) bestimmt werden. Auch Selen in 10 % sowie Blei und Cadmium in je 14 % der Proben waren relativ selten zu finden, während Kupfer und Zink fast immer quantifiziert werden konnten.

Wie schon im Monitoring 1998 und 2002, waren die Element-Konzentrationen auch 2005 allgemein gering. Bei Arsen, Blei, Cadmium und Selen lagen 90 % der Befunde bei oder unterhalb 0,02 mg/kg sowie für Kupfer und Zink bei 1,6 und 2,0 mg/kg. Nur in einer Nektarinen-Probe aus Italien war der Höchstgehalt von 0,1 mg/kg für Blei geringfügig überschritten.

Fazit

Pfirsiche und Nektarinen sind nur gering mit Schwermetallen kontaminiert. Der Anteil mit Rückständen von Pflanzenschutzmitteln hat sich im Vergleich zu früheren Monitoring-Untersuchungen wesentlich erhöht. Deren mittlere Gehalte sind jedoch im Allgemeinen sehr gering. Im Hinblick auf die Häufigkeit von Höchstmengenüberschreitungen sind Nektarinen gering, Pfirsiche aber relativ hoch belastet, so dass nach Möglichkeiten gesucht werden sollte, die Rückstandssituation über geeignete Minimierungsmaßnahmen zu verbessern.

5.15
Zitrusfrüchte

Orange

Die Orange gehört zu dem am meisten verzehrten Frischobst und ist die am häufigsten angebaute Zitrusfrucht der Welt. Geschmack und nicht zuletzt die ausgewogene Mischung aus verschiedensten Vitaminen (vor allem aber Vitamin C) sowie Mineralstoffen begründen ihre Beliebtheit.

Orangen waren deshalb bereits im Monitoring 1996, 1998 und 2002 Gegenstand intensiver Untersuchungen auf Rückstände von Pflanzenschutzmitteln und Elemente. Die Analyse auf Pflanzenschutzmittelrückstände erfolgt in der Regel nach den Vorgaben der RHmV für die ganze Frucht, d.h. mit der Schale, um die Einhaltung der Höchstmengen überprüfen zu können. Die vergleichenden Untersuchungen an ungeschälten und geschälten Orangen des Jahres 2002 bestätigten die Annahme, dass das eigentlich verzehrte Fruchtfleisch nur sehr gering mit derartigen Rückständen kontaminiert ist, da diese meistens von der Schale zurück gehalten werden. Die Kontamination mit Schwermetallen war stets sehr gering.

Im Rahmen des KÜP wurden im Jahr 2005 erneut 119 Orangen-Proben auf Pflanzenschutzmittelrückstände gem. RHmV in der ganzen Frucht sowie auf Elemente im Fruchtfleisch untersucht. Fast die Hälfte der Proben kam aus Spanien, 27 % aus Südafrika, weitere 6 % aus Italien und die restlichen aus anderen Staaten.

Pflanzenschutzmittel

Die Orangen wurden im Jahr 2005 auf 133 Wirkstoffe bzw. deren Metaboliten analysiert. Davon waren Rückstände von 55 Wirkstoffen quantifizierbar. In Tabelle 5-6 sind die häufig gefundenen Stoffe, auch im Vergleich zu Mandarinen (s. nächster Abschnitt) dargestellt.

Wie schon in den Vorjahren wurden erwartungsgemäß die zur Konservierung nach der Ernte eingesetzten Oberflächenbehandlungsmittel Imazalil, Orthophenylphenol und Thiabendazol wieder sehr häufig und im Falle von Imazalil fast in jeder Probe gefunden. Ihre mittleren Gehalte waren mit 0,87 mg/kg, 0,13 mg/kg bzw. 0,21 mg/kg auch am höchsten. Alle anderen Rückstandsgehalte waren allgemein gering und lagen bis auf wenige Ausnahmen im Mittel unterhalb von

Tab. 5-5 Pflanzenschutzmittelwirkstoffe mit Höchstmengenüberschreitungen sowie deren Anzahl und Herkunft.

Herkunft	Anzahl > HM	Betroffene Wirkstoffe in Pfirsich	Nektarine
Frankreich	4	Acrinathrin (3x), Vinclozolin	
Italien	6	Acephat, Acrinathrin, Bupirimat, Diazinon, Vinclozolin	Fenazaquin
Spanien	6	Acephat, Acetamiprid, Acrinathrin, Diniconazol, Thiabendazol	Fenpropathrin
Ägypten	2	Ethoprophos, Thiamethoxam	
unbekannt	1	Acrinathrin	

HM = Höchstmenge

Tab. 5-6 Anteil mit quantifizierbaren Gehalten in Orangen und Mandarinen.

Stoff	Anteil mit quantifizierbaren Gehalten (%)	
	Orange	Mandarine
Imazalil	90,8	94,7
Chlorpyrifos	46,2	75,0
Orthophenylphenol	33,6	42,1
Thiabendazol	32,8	50,0
Carbendazim	21,1	30,0
Dicofol	9,5	35,0
Hexythiazox	3,7	29,4
Malathion	15,1	20,0
Dithiocarbamate	14,3	20,0
Methidathion	13,4	10,0

0,01 mg/kg.

Höchstmengen wurden in 14 Proben (11,8 %) überschritten, dabei allein achtmal verursacht durch Pyriproxyfen (6,7 %) in südafrikanischen Proben, für die ein Höchstgehalt von 0,01 mg/kg heranzuziehen ist. Die weiteren Höchstmengenüberschreitungen wurden verursacht durch Lufenuron, Parathion, Procymidon, Prothiofos, Tebufenpyrad und Thiabendazol in jeweils einer Probe.

Insgesamt ist jedoch mindestens eine Verdopplung des Anteils mit Rückständen über den Höchstmengen gegenüber 2002 zu verzeichnen. In jeder Probe wurde mindestens ein Rückstand quantifiziert. Mehrfachrückstände wurden in 89 % aller Proben festgestellt, dabei in zwei Proben jeweils maximal 8 Stoffe.

Elemente

Das Fruchtfleisch von Orangen wurde auf den Gehalt der Elemente Arsen, Blei, Cadmium, Kupfer, Selen und Zink analysiert. Arsen und Selen konnten nicht bzw. nur in 3 Proben quantifiziert werden. Auch Blei und Cadmium wurden lediglich in 21 % bzw. 12 % der Proben gefunden, während Kupfer und Zink in mehr als drei Viertel aller Proben bestimmt wurden.

Wie schon im Jahr 2002 festgestellt wurde, sind die Gehalte im Allgemeinen gering. Bei Arsen, Blei, Cadmium und Selen lagen 90 % der Konzentrationen unterhalb oder bei 0,01 mg/kg und für Kupfer und Zink im Bereich von 0,5 mg/kg. Höchstgehaltsüberschreitungen traten nicht auf.

Mandarine

Die Mandarinen sind nach Apfelsinen die zweitwichtigsten Früchte auf dem Zitrus-Weltmarkt. Ihre Beliebtheit ist u. a. darauf zurückzuführen, dass ihr Geschmack weniger sauer und neutraler als der einer Orange ist, dass sie aber genauso gesund sind und sich zudem noch leichter schälen lassen.

Mandarinen (inkl. Clementinen) wurden schon im Monitoring 1998 und 2002 beprobt. Ähnlich wie bei den Orangen wurde bei Mandarinen eine geringe Kontamination mit Schwermetallen, aber eine relativ hohe Kontamination mit Pflanzenschutzmittelrückständen festgestellt.

Im Rahmen des KÜP wurden im Jahr 2005 allerdings nur eine relativ geringe Anzahl von 20 Proben von Mandarinen analysiert. Diese Proben stammten ausschließlich aus Spanien. Sie wurden auf Pflanzenschutzmittelrückstände gemäß RHmV mit Schale analysiert, auf Elemente dagegen nur im Fruchtfleisch.

Pflanzenschutzmittel

Das Untersuchungsspektrum umfasste 133 Wirkstoffe bzw. deren Abbau- und Umwandlungsprodukte. Davon wurden insgesamt Rückstände von 24 Wirkstoffen gefunden. Häufig waren die in der Tabelle 5-6 (s. o.) genannten Stoffe zu quantifizieren. Wie erwartet, waren auch bei Mandarinen wieder die zur Konservierung nach der Ernte eingesetzten Oberflächenbehandlungsmittel Imazalil, Orthophenylphenol und Thiabendazol sehr häufig nachzuweisen. Imazalil wurde nur in zwei Proben nicht gefunden. Die mittleren Gehalte von Imazalil, Orthophenylphenol und Thiabendazol waren im Vergleich zu den anderen Rückständen auch am höchsten mit 0,62 mg/kg, 0,06 mg/kg bzw. 0,44 mg/kg. Die mittleren Gehalte der anderen Rückstände lagen für Chlorpyrifos und Dicofol um 0,14 mg/kg, ansonsten stets unterhalb von 0,04 mg/kg.

Bei den 20 Proben aus Spanien wurde nur einmal eine geringfügige Höchstmengenüberschreitung für Flufenoxuron festgestellt. Das ist prozentual gleich mit den Befunden aus dem Monitoring 1998 (5,3 %) und wesentlich geringer als im Jahr 2002 mit 16,4 % Höchstmengenüberschreitungen. Die geringe Probenzahl im Jahr 2005 lässt jedoch nur begrenzt Trendaussagen zu.

Ohne bestimmbare Rückstände war im Jahr 2005 nur eine Probe (5 %), prozentual somit in ähnlicher Größenordnung wie im Jahr 2002 (3,6 %).

18 der 20 Proben enthielten mehr als einen Rückstand. Am häufigsten wurden 3-5 Stoffe pro Probe gefunden; das Maximum lag bei zehn Stoffen in einer Probe.

Elemente

Wie bei den Orangen wurde auch das Fruchtfleisch der Mandarinen auf Arsen, Blei, Cadmium, Kupfer, Selen und Zink untersucht. Arsen, Cadmium und Selen wurden in den 20 spanischen Proben nicht gefunden und Blei auch nur in einem Fünftel. Kupfer und Zink wurden in allen Proben nachgewiesen.

Ähnlich wie bei Orangen und wie schon im Jahr 2002 waren die Konzentrationen wieder gering. Die 90. Perzentile betrugen 0,01 mg/kg für Blei, 0,92 mg/kg für Kupfer und 0,7 mg/kg für Zink. Höchstgehaltsüberschreitungen waren nicht zu verzeichnen.

Fazit

Ungeschälte Orangen und Mandarinen enthalten nahezu immer Rückstände von Pflanzenschutzmitteln, insbesondere solche von nach der Ernte zur konservierenden Oberflächenbehandlung angewendeten Stoffen. Die Höchstmengenüberschreitungen sind bei Orangen als erhöht und bei Mandarinen als mittelgradig zu bezeichnen. Aus früheren Untersuchungen im Monitoring 2002 ist jedoch bekannt, dass das Fruchtfleisch als essbarer Anteil nur sehr gering kontaminiert ist, da der überwiegende Teil der Rückstände in der Schale verbleibt. Das Fruchtfleisch ist außerdem nur sehr gering mit Schwermetallen kontaminiert.

5.16
Fruchtsäfte

Apfelsaft/Ananassaft/Grapefruitsaft

Fruchtsäfte bestehen zu 100% aus dem Fruchtsaft und Fruchtfleisch der entsprechenden Früchte. Sie sind frei von jeglichen Zusatzstoffen wie Farb- oder Konservierungsstoffen und besitzen somit ähnliche gesundheitliche Vorzüge wie die Früchte, aus denen sie hergestellt sind. Am beliebtesten sind in Deutschland Apfelsaft, gefolgt von Orangensaft. Beide waren deshalb bereits mehrfach Gegenstand von Monitoring-Untersuchungen, wobei stets festgestellt wurde, dass sie im Gegensatz zu den Früchten sehr gering mit Pflanzenschutzmittelrückständen kontaminiert sind und auch die Schwermetall-Kontamination in Orangensaft gering war. Im Monitoring 1995 und 1996 wurde jedoch im Apfelsaft in Abhängigkeit vom Pilzbefall der verarbeiteten Äpfel das Mykotoxin Patulin gefunden, z. T. über dem mittlerweile geltenden Höchstgehalt von 0,05 mg/kg (s. Tab. 5-7).

Die erneute Untersuchung von 119 Proben Apfelsaft sollte zeigen, wie sich aktuell die Kontamination mit Patulin und mit Elementen darstellt. Parallel wurden erstmalig im Monitoring Ananassaft (51 Proben) und Grapefruitsaft (65 Proben) auf deren Element-Gehalte untersucht. Alle diese Säfte wurden zu mehr als 80% in Deutschland hergestellt; die Herkünfte der dazu verwendeten Früchte bzw. Konzentrate waren allerdings nicht bekannt.

Patulin

Nur der Apfelsaft wurde auf Patulin untersucht, da hier die Wahrscheinlichkeit der Kontamination hoch ist. In Tabelle 5-7 ist die Häufigkeit und Höhe der Patulin-Kontamination für 2005 und im Vergleich zu den früheren Untersuchungen zusammengefasst.

Es war zwar wieder nur eine Höchstgehaltsüberschreitung zu verzeichnen, die Grundbelastung mit Patulin hinsichtlich Häufigkeit und Konzentration war jedoch höher als in den früheren Jahren. Daraus lässt sich aber nicht zwangsläufig eine Trendaussage über den gesamten Zeitraum 1995–2005 ableiten, da einerseits der Pilzbefall der Äpfel witterungsbedingt in jedem Jahr anders ist und somit auch die Kontamination mit diesem Mykotoxin. Andererseits können durch eine verbesserte Nachweisempfindlichkeit der Analytik mittlerweile noch geringere Gehalte quantifiziert werden.

Elemente

Alle Säfte wurden auf die Gehalte der Elemente Arsen, Blei, Cadmium, Kupfer, Selen und Zink analysiert. Die Anteile mit quantifizierbaren Gehalten der untersuchten Elemente sind in Tabelle 5-8 für alle Säfte gegenübergestellt.

Die Nachweishäufigkeit der verschiedenen Elemente war in Apfel- und Ananassaft sehr ähnlich und im Vergleich zu Grapefruitsaft bei einigen Elementen deutlich verschieden, vor allem bei Arsen und Cadmium. Die Anteile mit quantifizierbaren Gehalten in Grapefruitsaft sind in etwa vergleichbar mit denen bei Orangen.

Die gemessenen Gehalte waren durchweg gering. Bei Arsen, Blei, Cadmium und Selen lagen 90% der Befunde bei oder unterhalb 0,02 mg/kg sowie für Kupfer und Zink in den Bereichen 0,3 mg/kg–0,6 mg/kg bzw. 0,5 mg/kg–1,1 mg/kg. Nur in einer Apfelsaft-Probe war der Höchstgehalt von 0,05 mg/kg für Blei geringfügig überschritten.

Tab. 5-7 Patulin-Kontamination von Apfelsaft im Jahresvergleich.

Jahr	Probenanzahl gesamt	Proben mit Patulin		Patulin-Gehalt (mg/kg)		Anzahl über Höchstgehalt (0,05 mg/kg)
		Anzahl	%	90. Perzentil	Maximum	
1995	289	16	5,5	*	0,074	1
1996	207	31	15,0	0,005	0,067	1
2005	110	24	21,8	0,017	0,080	1

* In mehr als 90% der Proben wurden keine Gehalte gemessen.

Tab. 5-8 Nachweishäufigkeit und mittlere Gehalte von Elementen in Fruchtsäften.

Element	Anteil mit quantifizierbaren Gehalten (%)			Mittelwerte (mg/kg)		
	Apfelsaft	Ananassaft	Grapefruitsaft	Apfelsaft	Ananassaft	Grapefruitsaft
Arsen	10,1	16,9	2,0	0,008	0,007	0,009
Blei	7,1	4,6	11,8	0,009	0,009	0,012
Cadmium	-	-	33,3	<0,001	<0,002	0,003
Kupfer	28,3	53,8	51,0	0,232	0,358	0,249
Selen	1,0	-	2,0	0,006	<0,010	0,012
Zink	25,3	44,6	76,5	0,440	0,833	0,337

Fazit

Apfel-, Ananas- und Grapefruitsaft sind nur gering mit Schwermetallen kontaminiert. Im Apfelsaft wurde im Jahr 2005 häufig Patulin gefunden, ähnlich wie schon im Jahr 1996. Die Konzentrationen waren allgemein niedrig, aber insgesamt etwas höher gegenüber früheren Untersuchungen. Es wurde eine Höchstgehaltsüberschreitung festgestellt. Bei der Apfelsaft-Herstellung ist besonders darauf zu achten, dass keine verdorbenen Früchte in die Saftpresse gelangen.

5.17 Weine

Teilweise gegorener Traubenmost/Qualitätsschaumwein

Traubenmost ist das Vorprodukt in der Weinherstellung und nicht zu vergleichen mit dem im Handel angebotenen Traubensaft, der gegen die Vergärung haltbar gemacht wurde. Most beginnt durch den Einfluss der auf den Schalen natürlicherweise vorkommenden Hefen unter Luftabschluss relativ schnell zu gären. Solange sich der Most im Prozess der Gärung befindet, spricht man von Federweißer, Rotem Rauscher (rote Trauben), Suser, Neuem Wein (Pfalz) oder Neuem Süßen (Südbaden).

Erfolgt die Vergärung von Traubenmost oder die Nachgärung von fertigem Wein nach Zusatz von Zucker und Reinzuchthefe in druckfesten Behältern (Tanks, Flaschen), kann die freiwerdende Kohlensäure (Kohlendioxid) nicht entweichen, so dass Schaumwein entsteht. Nach EG-Verordnung sind Qualitätsschaumwein und Sekt identisch und müssen bestimmte Qualitätskriterien erfüllen.

Monitoring-Untersuchungen in den Jahren 2001, 2002 und 2004 hatten gezeigt, dass insbesondere Traubensaft, aber auch noch Weiß- und Rotwein, trotz Abbau während der Gärung bzw. Mitfällung im Hefetrüb, mit dem Mykotoxin Ochratoxin A (OTA) kontaminiert sind. Um einen lückenlosen Überblick über die OTA-Kontamination in der Wein- und Schaumwein-Herstellung zu erhalten, wurden im Monitoring 2005 das Ausgangsprodukt, der teilweise vergorene Traubenmost, und ein weiteres Endprodukt, der Qualitätsschaumwein, untersucht. In beiden Produktgruppen wurden außerdem die Gehalte verschiedener Elemente bestimmt. Traubenmost wurde zusätzlich noch auf Patulin geprüft. Die 75 Proben des teilweise gegorenen Traubenmosts stammten fast vollständig aus inländischer Produktion (93%). Von den 138 Proben Qualitätsschaumwein waren 72% aus Deutschland und weitere 16% aus Italien.

Ochratoxin A

Die Untersuchungen bestätigten, dass OTA während der Gärung abgebaut wird. Während der ursprüngliche Traubensaft im Monitoring 2002 bzw. Projekt-Monitoring 2004 (Projekt 04) zu 70 - 75% OTA enthielt, wurde das Mykotoxin im teilweise vergorenen Traubenmost (ohne Schalen der Weinbeeren) nur noch in 36% der Proben und im Qualitätsschaumwein in ca. 12% gefunden. Im Vergleich dazu wurde OTA nur in 7% der Weißweinproben (2001) aber in 51% des Rotweins im Jahr 2002 quan-

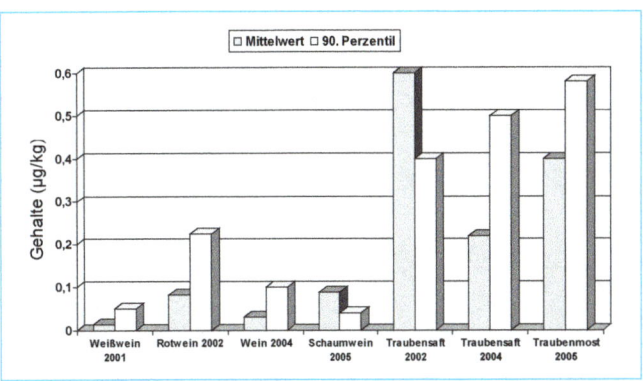

Abb. 5-23 OTA-Gehalte in Traubensaft, teilweise gegorenem Traubenmost, Wein und Qualitätsschaumwein im Jahresvergleich (Zum Vergleich: Der zulässige Höchstgehalt liegt bei 2 µg/kg).

tifiziert. Die höhere Nachweishäufigkeit und auch die relativ hohen OTA-Gehalte im Rotwein sind sicherlich auch darauf zurück zu führen, dass die kontaminierten Schalen der Weinbeeren zur Farbgebung der Maische zugegeben werden.

Die OTA-Gehalte im Traubenmost lagen im Bereich der Befunde im Traubensaft in den Jahren 2002 und 2004, wie Abbildung 5-23 zeigt. Die Gehalte im Qualitätsschaumwein waren mit denen der Weine vergleichbar.

In jeweils einer Probe wurde der Höchstgehalt von 2 µg/kg mit relativ hohen Konzentrationen von 20 µg/kg im Traubenmost bzw. 10 µg/kg im Qualitätsschaumwein überschritten.

Patulin

Das Schimmelpilzgift Patulin wurde in 19% der Traubenmostproben gefunden. 90% der Gehalte lagen unter 12 µg/kg. Der Höchstgehalt von 50 µg/kg wurde nicht überschritten. In Qualitätsschaumwein war Patulin erwartungsgemäß in keiner der 21 zusätzlich darauf untersuchten Proben nachzuweisen.

Elemente

Der teilweise gegorene Traubenmost und der Qualitätsschaumwein wurden auf die Gehalte der Elemente Aluminium, Arsen, Blei, Cadmium, Kupfer, Nickel, Selen, Zink und Zinn untersucht. In Tabelle 5-9 sind die Anteile mit quantifizierbaren Gehalten für beide Produktgruppen dargestellt.

Insbesondere Cadmium, aber auch Selen und Zinn wurden relativ selten gefunden. Blei und Zink, sowie Aluminium in Schaumwein und Kupfer in Traubenmost waren häufig zu quantifizieren.

Bei Aluminium, Arsen, Blei, Cadmium, Zink und Zinn sowie Kupfer in Schaumwein waren die gemessenen Gehalte niedrig. Mit einem 90. Perzentil von 2,3 mg/kg lagen die Kupfer-Gehalte im Traubenmost wesentlich höher als im Qualitätsschaumwein mit 0,25 mg/kg, in dem Kupfer durch Adsorption an Hefe bei der Gärung weitestgehend reduziert wird.

90% der Befunde für die anderen Elemente lagen bei Arsen, Cadmium und Selen unter oder bei 0,01 mg/kg, für Blei bei 0,04 mg/kg, für Nickel bei 0,05-0,1 mg/kg, für Zinn bei 0,1–0,5 mg/kg, für Zink bei 1,3 mg/kg und für Aluminium bei 1,9–2,5 mg/kg, Der Höchstgehalt von 8 mg/kg für Aluminium war in einer Probe geringfügig überschritten.

Tab. 5-9 Nachweishäufigkeit und mittlere Gehalte von Elementen in teilweise gegorenem Traubenmost und Qualitätsschaumwein.

Element	Anteil mit quantifizierbaren Gehalten (%)		Mittelwerte (mg/kg)	
	Traubenmost, teilweise gegoren	Qualitätsschaumwein	Traubenmost, teilweise gegoren	Qualitätsschaumwein
Aluminium	36,5	62,4	0,980	1,469
Arsen	12,7	29,4	0,005	0,008
Blei	61,9	69,8	0,020	0,020
Cadmium	1,6	0,8	0,001	0,001
Kupfer	77,8	25,6	0,798	0,168
Nickel	43,8	10,3	0,026	0,051
Selen	6,3	0,8	0,005	0,005
Zink	50,8	51,6	0,721	0,524
Zinn	11,1	4,0	0,140	0,083

Fazit

Teilweise gegorener Traubenmost und Qualitätsschaumwein sind nur gering mit Schwermetallen kontaminiert. Ähnlich wie im Traubensaft wird aber OTA häufig im teilweise gegorenen Traubenmost nachgewiesen, im Qualitätsschaumwein jedoch relativ selten infolge des Abbaus bei der Gärung. Bezogen auf den Höchstgehalt ist die Kontamination im Allgemeinen gering. Vereinzelte hohe Befunde über dem Höchstgehalt (jeweils 1%) sollten allerdings Anlass sein, bei den zu verarbeitenden Weinbeeren verstärkt auf Schimmelpilzbefall zu achten. Die Kontamination des Traubenmostes mit Patulin ist gering.

5.18
Süßwaren

Marzipan- und Persipan-Rohmasse/Süßwaren aus Rohmassen anderer Art

Marzipanrohmasse besteht aus Zucker, gemahlenen Mandeln und eventuell Rosenwasser. Je nach Hersteller kommen noch weitere Zutaten hinzu. Anstatt der Mandeln werden für Persipan Aprikosen- oder Pfirsichkerne verwendet, die dem Persipan einen etwas anderen Geschmack verleihen. Persipan besteht zu 40% aus gemahlener Kernrohmasse und zu 60% aus Zucker.

Beide Rohmassen finden in der Konditorei als Bestandteil von Gebäck und Süßspeisen breite Verwendung. Da bei den verwendeten Mandeln bzw. Kernen Kontaminationen mit Aflatoxinen bekannt und nicht auszuschließen sind, wurden 48 Proben dieser Rohmassen auf die Belastung mit diesen gesundheitsschädigenden Mykotoxinen geprüft. Fast zwei Drittel der Rohmassen waren aus inländischer Produktion.

Gleichzeitig wurden 77 Proben von Süßwaren aus Rohmassen anderer Art auf das Reaktionsprodukt HMF untersucht. Eine Untersuchung auf Aflatoxine erfolgte nur dann, wenn Mandeln, Erd- bzw. Haselnüsse enthalten waren. Zu diesen Süßwaren gehören u. a. die „Rumkugeln", „Granatsplitter" und Schnitten mit Milchkremfüllung. Die Produkte wurden zu 80% in Deutschland hergestellt.

Beide Produktgruppen wurden darüber hinaus auch auf die Element-Gehalte analysiert.

Aflatoxine

In den Marzipan-/Persipan-Rohmassen wurde Aflatoxin B1 in 79% der Proben, Aflatoxin B2 in 25% und Aflatoxin G1 in 21% quantifiziert, während Aflatoxin G2 nur in 2 Proben (4,2%) zu finden war. Die Konzentrationen erreichten selbst im Maximum nur etwa die Hälfte des Höchstgehalts von 2 µg/kg für Aflatoxin B1 bzw. 4 µg/kg für die Summe aller Aflatoxine. Durch den hohen Zuckeranteil tritt ein Verdünnungseffekt ein, so dass die Gehalte wesentlich geringer sind als in den Mandeln selbst. Das verdeutlicht Abbildung 5-24 am Beispiel von Aflatoxin B1.

In den anderen Süßwaren konnte lediglich Aflatoxin B1 bestimmt werden und nur in 15% der Proben. Auch hier war der maximale Gehalt von 0,3 µg/kg sehr gering.

HMF

HMF wurde im Mittel mit 8,6 mg/kg in nahezu zwei Dritteln der Süßwaren quantifiziert. Das 90. Perzentil betrug 24 mg/kg. Im Vergleich dazu wurden bei früheren Untersuchungen Gehalte von 10-1107 mg/kg in Karamel haltigen Süßwaren wie Pralinen, Schokoladen und Bonbons gefunden[5].

Auch in den Marzipan-/Persipan-Rohmassen wurde HMF in 13% der Proben gefunden, allerdings mit wesentlich geringeren Gehalten (Mittelwert: 1,3 mg/kg; 90. Perzentil: 9 mg/kg).

Elemente

Die Marzipan-/Persipan-Rohmassen und Süßwaren wurden auf die Gehalte an Arsen, Blei, Cadmium, Kupfer, Nickel, Selen und Zink analysiert. Die Anteile mit quantifizierbaren Gehalten sind in Tabelle 5-10 für beide Produktgruppen zusammen gestellt.

Die Unterschiede der Nachweishäufigkeiten erklären sich aus der Art und der Menge der Zutaten in beiden Produktgruppen. Für die Marzipan-Rohmassen zeichnet sich so z. B. das Verteilungsmuster der Nachweishäufigkeiten in Mandeln ab.

---
[5] ÖKOTEST-Magazin, April 1997

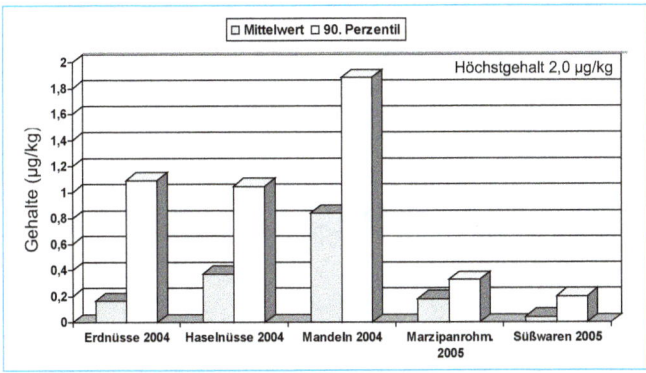

Abb. 5-24 Aflatoxin B1 in Schalenobst und daraus hergestellten Süßwaren.

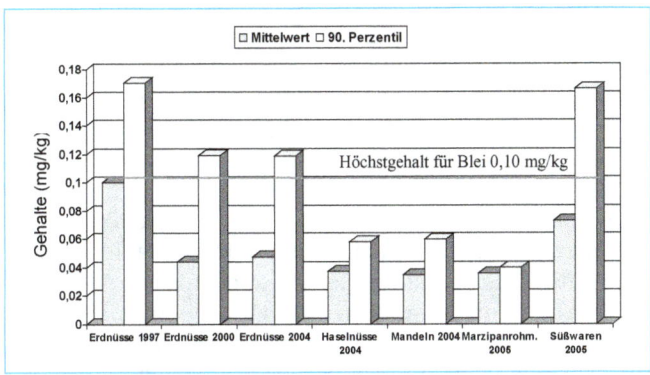

Abb. 5-25 Blei-Gehalte in Marzipan-/Persipan-Rohmassen und Süßwaren aus anderen Rohmassen im Vergleich zu Schalenobst (der zulässige Höchstgehalt gilt nur für Schalenobst).

Die „Verdünnung" mit anderen Zutaten, vor allem mit Zucker, führt jedoch dazu, dass die Elemente mit Ausnahme von Kupfer und Zink seltener gefunden wurden und im Allgemeinen mit geringeren Gehalten, wie Abbildung 5-25 am Beispiel von Blei andeutet. Bei Arsen, Cadmium und Selen sowie bei Blei in den Marzipan-/Persipan-Rohmassen lagen 90% der Gehalte meist unter oder bei 0,04 mg/kg und bei Nickel zwischen 0,8 mg/kg und 1,5 mg/kg. Bei Kupfer und Zink waren die 90. Perzentile mit 11,6 bzw. 22,8 mg/kg in den Marzipan-/Persipan-Rohmassen deutlich höher als in den Süßwaren mit 4,8 bzw. 13,9 mg/kg.

Auffällig hohe Blei-Gehalte wurden allerdings in 12 Süßwaren-Proben (15,6%) festgestellt, die im Bereich von 0,12–0,49 mg/kg lagen. Dadurch lag das 90. Perzentil mit 0,16 mg/kg relativ hoch (s. Abb. 5-25). In den Süßwaren wurden auch zwei Cadmium-Gehalte oberhalb 0,05 mg/kg gemessen.

Fazit

Die Marzipan-/Persipan-Rohmassen sind nur gering mit Aflatoxinen und Schwermetallen kontaminiert. Gleiches gilt prinzipiell auch für Süßwaren aus anderen Rohmassen; allerdings traten häufiger erhöhte Blei-Gehalte und in wenigen Fällen auch erhöhte Cadmium-Gehalte auf, deren Ursachen ermittelt und beseitigt werden sollten. Die HMF-Gehalte sind vergleichsweise gering.

Tab. 5-10 Nachweishäufigkeit und mittlere Gehalte von Elementen in Marzipan-/Persipan-Rohmassen und Süßwaren aus anderen Rohmassen.

Element	Anteil mit quantifizierbaren Gehalten (%)		Mittelwerte (mg/kg)	
	Marzipan-/Persipan-Rohmasse	Süßwaren aus anderen Rohmassen	Marzipan-/Persipan-Rohmasse	Süßwaren aus anderen Rohmassen
Arsen	–	2,6	<0,020	0,013
Blei	4,2	28,6	0,036	0,053
Cadmium	41,7	66,2	0,008	0,011
Kupfer	100	100	6,366	2,864
Nickel	83,3	90,9	0,466	0,720
Selen	2,1	31,2	0,020	0,022
Zink	100	100	17,240	9,152

6 Ergebnisse des Projekt-Monitorings

Zur Untersuchung von speziellen Fragestellungen beinhaltete das Monitoring 2005 folgende zehn Projekte (P01 bis P10):

P01: Furan in Lebensmitteln
P02: Carbendazim in Fruchtsäften
P03: Glykosidalkaloide in Kartoffeln
P04: Blei und Cadmium in bestimmten Nahrungsergänzungsmitteln
P05: Pflanzenschutzmittelrückstände in Tomaten
P06: Persistente Organochlorverbindungen in Treibhausgurken
P07: Ochratoxin A, Deoxynivalenol und Zearalenon in Getreidemehlen
P08: Cadmium in Tintenfischerzeugnissen
P09: Benzo(a)pyren in Räucherfisch
P10: Herbizid-Rückstände in bestimmten Gemüsearten

Diese Projekte sind unter Federführung einer Untersuchungseinrichtung der amtlichen Lebensmittelüberwachung durchgeführt worden. Die in diesem Kapitel enthaltenen Projektberichte sind inhaltlich von den Federführenden erstellt worden.

Das federführende Amt und die weiteren teilnehmenden Ämter sind am Anfang eines jeden Projektberichtes genannt.

6.1

Projekt 01: Furan in Lebensmitteln

Federführendes Amt: CVUA Karlsruhe
Teilnehmende Ämter: LAVES Niedersachsen, LUA Speyer, SUA Wiesbaden, CVUA Freiburg, LLB Brandenburg

Furan (s. Glossar) wurde erstmals 1938 in Kaffee nachgewiesen. In Lebensmitteln kann Furan beim Erhitzen von Kohlenhydraten bei der sogenannten Maillard-Reaktion entstehen. Auch wenn Ascorbinsäure, Aminosäuren oder mehrfach ungesättigte Fettsäuren erhitzt werden, entsteht Furan. Besonders hoch sind die Gehalte, wenn Lebensmittel geröstet (z. B. bei Kaffeebohnen) oder in „geschlossenen Systemen" wie bei Säuglings- und Kleinkindernahrung oder Fertiggerichten erhitzt werden.

Im Rahmen des Projektes wurden insgesamt 204 Lebensmittelproben auf Furan analysiert. Die Probenzahlen und einige statistische Maßzahlen der Messergebnisse in den untersuchten Lebensmittelgruppen sind in Tabelle P01-1 dargestellt.

Die Ergebnisse zeigen, dass Furan in nahezu allen untersuchten Lebensmitteln vorkommt (s. Tab. und Abb. P01-1). Während die Gehalte aller untersuchten Proben in Brüherzeugnissen unterhalb der Nachweis- bzw. Bestimmungsgrenze lagen, wiesen Suppen im Mittel Furangehalte von 15,8 bzw. 43,8 μg/kg auf. Flüssige Fertigsuppen zeigten gegenüber trockenen Suppen im Mittel dreifach-, beim Medianwert knapp fünffach höhere Werte.

Da Lebensmittel wie trockene Suppen im Haushalt weiterverarbeitet werden, hängt die vom Verbraucher tatsächlich aufgenommene Furanmenge von der haushaltsmäßigen Zubereitung ab. Bezüglich der Furanbelastung für den Verbraucher sind deshalb einerseits Lebensmittel, die hohe Konzentrationen an Furan aufweisen (wie bekanntlich Kaffee), andererseits Lebensmittel, die direkt verzehrt werden, bedeutsam. Hierzu zählen Fertiggerichte mit einem mittleren Furangehalt von 34,6 μg/kg. Verzehrsfertige Säuglings- und Kleinkindernahrung mit durchschnittlichen Furangehalten von 19,3 bzw. 16,5 μg/kg fallen bei der Verbraucherbelastung

Tab. P01-1 Untersuchungsergebnisse zu Furan in Lebensmitteln.

Probenart	Anzahl Proben	Proben mit Rückständen	Mittelwert (μg/kg)	Median (μg/kg)	90.Perz. (μg/kg)	Maximum (μg/kg)
Brüherzeugnisse, Fleischbrüherzeugnisse	4	0				
Suppen trockene	14	12	15,8	10,7	50,0	54
Suppen flüssige	9	9	43,8	47,0		89
Säuglings- und Kleinkindernahrung	5	3	4,0	2,0		13
Komplettmahlzeiten für Säuglinge	35	34	19,3	17,8	36,4	41
Beikost auf Obst- und/oder Gemüse für Säuglinge und Kleinkinder	70	60	16,5	12,2	41,0	65
Fertiggerichte	67	63	34,6	30,0	66,2	164

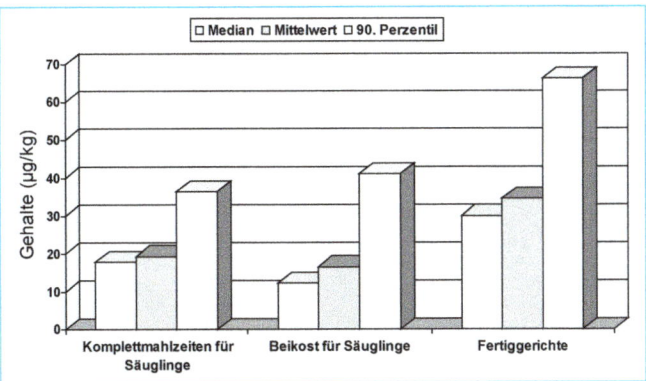

Abb. P01-1 Furangehalte in verzehrsfertigen Lebensmitteln.

angesichts des geringeren Körpergewichtes der „Zielgruppe" deutlicher ins Gewicht. Die maximalen Furanwerte lagen hier bei 41 bzw. 65 µg/kg.

Fazit

Die Ergebnisse zeigen, dass Furan in einer Vielzahl von Lebensmitteln vorkommt. Dies ist insofern von Bedeutung, da Furan von der WHO als möglicherweise krebserregend für den Menschen eingestuft ist. Nach derzeitigem Kenntnisstand ist von den gefundenen Furangehalten nicht von einer akuten Gesundheitsgefahr auszugehen. Im Sinne des vorbeugenden gesundheitlichen Verbraucherschutzes ist aber eine Minimierung der Gehalte in Lebensmitteln, vor allem für sensible Verbraucher wie Säuglinge und Kleinkinder, notwendig.

6.2
Projekt 02: Carbendazim in Fruchtsäften
Federführendes Amt: VUA Ostwestfalen-Lippe
Teilnehmende Ämter: LUA Sachsen, ILAT Berlin, LGL Erlangen, SUA Kassel

Carbendazim ist ein systemisch wirkendes Blatt- und Bodenfungizid, das gegen Pilzkrankheiten im Wein-, Obst-, Gemüse-, Zierpflanzen- und Getreideanbau eingesetzt wird. Darüber hinaus findet es als Nacherntebehandlungsmittel u. a. bei Zitrusfrüchten, Steinobst und Bananen Anwendung[1]. Bei der Bestimmung von Carbendazim muss berücksichtigt werden, dass der Wirkstoff auch Hauptmetabolit der Wirkstoffe Benomyl und Thiophanat-methyl ist. In der Rückstands-Höchstmengenverordnung wird daher die Summe dieser drei Wirkstoffe (Gesamtrückstand berechnet als Carbendazim) zur Überwachung der Rechtsvorschriften herangezogen. Im Jahr 2005 war in Deutschland nur ein Thiophanat-methyl haltiges Pflanzenschutzmittels (Cercobin FL) zur Vorerntebehandlung gegen pilzliche Lagerfäulen an Kernobst zugelassen.

Im Rahmen des bundesweiten Monitorings 2002 ergaben sich bei der Untersuchung von roten Traubensäften auf Rückstände an Pflanzenschutzmitteln Hinweise auf einen häufigen Einsatz des Fungizids Carbendazim.

Das Ziel des Projektes war es, die durch das Monitoring erhaltenen Angaben zur Belastungssituation von Traubensäften zu verifizieren und darüber hinaus Hinweise zur Kontamination von Kern- und Steinfruchtsäften zu erhalten.

In Abhängigkeit von der angewandten Analysenmethode wurden bei Einsatz der HPLC mit UV- oder Fluoreszenz-Detektion für Carbendazim Nachweisgrenzen zwischen 0,01 und 0,005 mg/kg und bei Anwendung der massenspektroskopischen Detektion zwischen 0,001 und 0,0005 mg/kg erreicht.

Insgesamt wurden 228 Fruchtsäfte auf Carbendazim untersucht. Die Anzahl der untersuchten Fruchtsaftsorten und der ermittelte Carbendazim-Gehalt sind in der Tabelle P02-1 zusammengefasst.

Bei roten Traubensäften wurde in rd. 60% der Proben Carbendazim nachgewiesen, bei weißem Traubensaft dagegen nur in 17% (s. Tab. P02-1). Der Maximalwert für Carbendazim lag bei 0,049 mg/kg für roten Traubensaft und bei 0,005 mg/kg für weißen Traubensaft.

Auch beim Apfelsaft war in rd. 40% der Proben ein positiver Befund an Carbendazim zu verzeichnen, mit einem Maximalwert von 0,043 mg/kg.

Nur in einer von 25 Proben Birnensaft konnte der Wirkstoff nachgewiesen werden. Die untersuchten Orangensaftproben waren frei von Carbendazimgehalten.

Unter die Kategorie „Sonstiges" der Tabelle P02-1 fallen zwei Kirschsäfte, zwei Johannisbeer-Nektare, ein Zwetschgen-Nektar sowie 5 Mischsäfte mit Apfelsaftanteil. Nur in den Mischsäften mit Apfelsaftanteil war der Wirkstoff in drei Proben enthalten.

Da in Trauben und Kernobst die nationale Höchstmenge von Thiophanat-methyl, ausgedrückt als dessen Hauptmetabolit Carbendazim, bei 2 mg/kg liegt und für den Wirkstoff im Rahmen der EU-Wirkstoffprüfung nach Richtlinie 91/414/EWG

Tab. P02-1 Carbendazim in Fruchtsäften.

Fruchtsaft	Anzahl Proben	Proben mit Carbendazim	Mittelwert (mg/kg)	90. Perz. (mg/kg)	Maximum (mg/kg)
Traubensaft, rot	72	44 (61%)	0,013	0,029	0,049
Traubensaft, weiß	18	3 (17%)	<0,001	0,004	0,005
Apfelsaft	62	25 (40%)	0,003	0,010	0,043
Birnensaft	25	1 (4%)	--	--	0,002
Orangensaft	41	0 (0%)	--	--	--
Sonstiges	10	3 (30%)	--	--	0,004

---
[1] Papadopoulou-Mourkidou E. (1991) J. AOAC Int. 74:745.

Transferfaktoren für Trauben- und Apfelsaft von 1 bzw. 0,8 vorgeschlagen werden, deuten die Befunde bei den frischen Früchten nicht auf eine Höchstmengenüberschreitung hin.

Es ist zu erkennen, dass der höchste Anteil an positiven Befunden an Carbendazim in roten Traubensäften zu finden ist. Da es sich bei der untersuchten Ware hauptsächlich um Säfte aus Supermärkten oder von Discountern handelte, war eine Bestimmung der Herkunft der Säfte nicht möglich.

Fazit

Ein hoher Anteil an Tafeltraubensäften und Apfelsäften enthielt Carbendazim, wobei die nachgewiesenen Konzentrationen als niedrig zu beurteilen sind. In Orangen- und Birnensäften wurde der Wirkstoff nicht oder nur vereinzelt nachgewiesen. Trotz der insgesamt geringen Belastung mit Carbendazim sind weiterführende Untersuchungen von Interesse, die sowohl die Herkunft als auch die Differenzierung zwischen Säften aus Konzentraten oder Direktsaft berücksichtigen.

6.3
Projekt 03: Glykosidalkaloide in Kartoffeln

Federführendes Amt:	LGL Erlangen
Teilnehmende Ämter:	CVUA OWL Bielefeld, CUA Hagen, TLLV Bad Langensalza, LSH Kiel

Die giftigen Glykosidalkaloide Solanin und Chaconin kommen von Natur aus in kleinen Mengen in Kartoffeln vor. Ein Gesamtalkaloid-Gehalt (Summe von Solanin und Chaconin) bis zu 200 mg/kg gilt bei Kartoffeln bislang als unbedenklich. Das Joint FAO/WHO Expert Committee on Food Additives bewertet einen Glykosidalkaloid-Gehalt von 20 bis 100 mg/kg in Kartoffeln als normal[2].

Besonders bei stark ergrünten, keimenden, beschädigten oder unreifen Kartoffelknollen können Solanin und Chaconin jedoch vermehrt enthalten sein. Um den Glykosidalkaloid-Gehalt vor dem Verzehr zu reduzieren, wird dem Verbraucher in solchen Fällen empfohlen, Schadstellen bzw. Keime großzügig zu entfernen und das Kartoffel-Kochwasser wegzugießen. Das Hauptziel dieses Monitoringprojektes bestand darin, aktuelle Daten zur Belastungssituation von Speisekartoffeln mit Solanin und Chaconin zu ermitteln.

Da der Glykosidalkaloid-Gehalt in Kartoffeln in Abhängigkeit des Reifegrads, der Ernte- und Lagerbedingungen schwanken kann, wurden durch die amtliche Lebensmittelüberwachung Stichproben auf unterschiedlichen Handelsstufen (Erzeuger, Großhandel, Einzelhandel) und zu verschiedenen Jahreszeiten entnommen, um neben der Saisonware im Herbst auch zu gleichen Teilen die im Winter und Frühjahr erhältlichen Lagerkartoffeln und Frühkartoffeln zu berücksichtigen.

Insgesamt wurden 222 Kartoffelproben untersucht. Der Gesamtalkaloid-Gehalt (Solanin und Chaconin) von 92% der Proben lag im normalen Bereich bis 100 mg/kg. Lediglich eine Probe wies mit 271 mg/kg einen Gehalt über 200 mg/kg auf. Die

[2] Summary of Evaluations Performed by the Joint FAO/WHO Expert Committee on Food Additives, http://www.inchem.org/documents/jecfa/jeceval/jec_2180.htm, http://www.inchem.org/documents/jecfa/jeceval/jec_399.htm, 1992

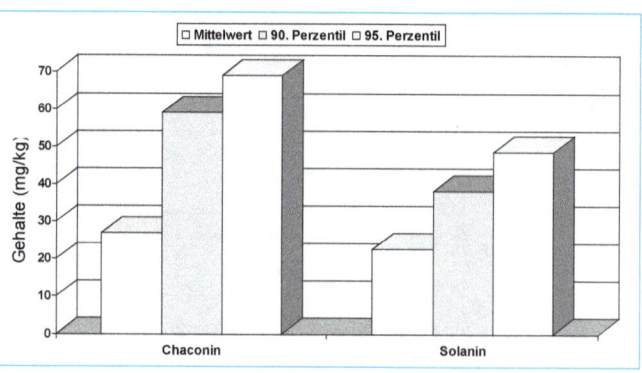

Abb. P03-1 Glykosidalkaloide in Kartoffeln.

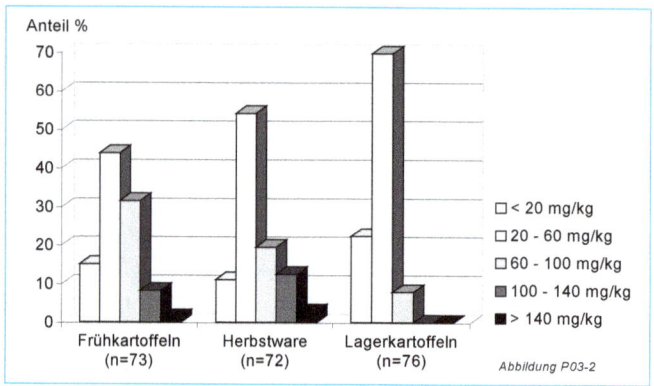

Abb. P03-2 Verteilung der Gesamtalkaloid-Gehalte (Solanin und Chaconin) in Abhängigkeit von der Saison.

Solanin- und Chaconin-Gehalte lagen im Mittel bei 20–30 mg/kg (siehe Abb. P03-1).

Speisefrühkartoffeln (überwiegend April, Juni), aber auch Saisonware im Herbst, die hauptsächlich im September beprobt wurde, wiesen vermehrt höhere Gesamtalkaloidgehalte auf als die in der ersten Jahreshälfte untersuchten Lagerkartoffeln (überwiegend Januar, Februar) (siehe Abb. P03-2). Der Mittelwert lag mit etwa 59 mg/kg fast um das Doppelte höher als bei den Lagerkartoffeln (32 mg/kg).

Die Gründe dafür sind vielfältig. Bei Frühkartoffeln und Saisonware im Herbst kann sich neben einem mangelnden Reifegrad bei der Ernte auch eine schlechtere Lagerfähigkeit nachteilig auf den Gesamtalkaloid-Gehalt auswirken. Import-Frühkartoffeln gelangen bereits ab Januar auf den deutschen Markt und bleiben wie die einheimischen Frühkartoffeln (ab April, Mai) oft längere Zeit im Handel, so dass bei der Untersuchung nicht nur frisch geerntete, sondern auch bereits länger gelagerte, im Hinblick auf den Glykosidalkaloid-Gehalt ungünstigere Kartoffeln erfasst werden. Dagegen werden Lagerkartoffeln besonders sorgfältig verarbeitet, gegebenenfalls mit Keimhemmungsmitteln behandelt und unter optimalen Bedingungen eingelagert, alles Faktoren, die die festgestellten niedrigen Gesamtalkaloid-Gehalte erklärbar machen.

Bei Kartoffeln sind auch sortenbedingte Unterschiede der Solanin- und Chaconin-Gehalte zu berücksichtigen. Bei den in größerer Zahl (n >20) über den gesamten Untersuchungszeitraum beprobten Sorten Nicola, Cilena sowie Princess zeigte z. B. die überwiegend als Frühkartoffel beprobte Sorte Nicola

Herkunft	Anzahl Proben	Mittelwert (mg/kg)	90.Perzentil (mg/kg)	Maximum (mg/kg)
Deutschland	177	47,7	94,9	270,7
Europa bzw. nördl. Mittelmeerraum	20	59,0	79,0	122,4
Nordafrika bzw. südl. Mittelmeerraum	20	61,3	109,7	137,2
ohne Angabe	5	31,1	51,3	64,7

Tab. P03-1 Gesamtalkaloid-Gehalt in Abhängigkeit von der Herkunft.

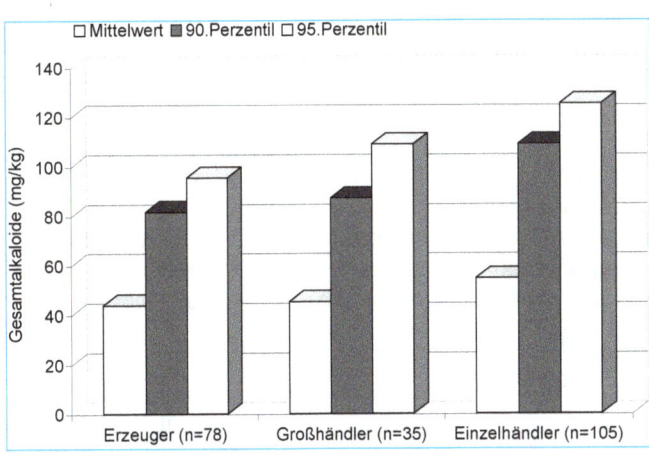

Abb. P03-3 Gesamtalkaloid-Gehalt in Abhängigkeit von der Entnahmestelle.

im Mittel etwas höhere Gesamtalkaloid-Gehalte als die Sorten Cilena oder Princess. Ein Zusammenhang mit dem Erntezeitpunkt (Frühkartoffel) ist dabei aber nicht auszuschließen.

Ca. 80 % der untersuchten Kartoffeln stammten aus Deutschland, die Herkunftsländer der übrigen Proben waren unter anderem Italien, Frankreich, Spanien, Ägypten und Marokko. Da es sich bei der Importware überwiegend um Frühkartoffeln handelte, wurden für Proben aus dem Ausland die für Frühkartoffeln üblichen, im Mittel höheren Glykosidalkaloid-Gehalte ermittelt (siehe Tab. P03-1).

Ein Vergleich der Ergebnisse für die unterschiedlichen Entnahmestellen in die Kategorien Erzeuger (einschl. Direktvermarkter), Großhändler (einschl. Abpacker, Importeure) sowie Einzelhändler (Gemüse-, Lebensmitteleinzelhandel, Supermarkt-Gemüseabteilungen, Marktstände) ergab, dass der Anteil an Proben mit höheren Glykosidalkaloid-Gehalten vom Erzeuger zum Einzelhandel leicht zunimmt (siehe Abb. P03-3). Dies bestätigt sich auch, wenn Frühkartoffeln, Herbst- und Lagerware getrennt nach der Entnahmestelle differenziert werden. Offenbar lassen sich die Lagerbedingungen beim Erzeuger oder Großhändler besser kontrollieren. Unter der Berücksichtigung, dass ein hoher Anteil der im Einzelhandel entnommenen Proben Frühkartoffeln waren, schneidet der Einzelhandel jedoch bei den mittleren Glykosidalkaloid-Gehalten nicht schlechter ab als Erzeuger und Großhändler.

Fazit

Die ermittelten Glykosidalkaloid-Gehalte in Speisekartoffeln erwiesen sich als weitgehend unbedenklich.

Anhand der vorliegenden Daten konnten Unterschiede im Hinblick auf den Gehalt an Solanin und Chaconin zwischen Frühkartoffeln, Saison- und Lagerware sowie tendenziell auch zwischen den unterschiedlichen Entnahmestellen festgestellt werden. Um belastbare Aussagen treffen zu können, inwieweit sich z. B. Früh- und Lagerkartoffeln von Januar bis Juni im Hinblick auf den Gehalt an Solanin und Chaconin unterscheiden, wären jedoch weitere Untersuchungen mit dem entsprechenden Schwerpunkt erforderlich, ggf. in Verbindung mit einer Untersuchung auf Pflanzenschutzmittel-Rückstände (insbesondere von Keimhemmungsmitteln).

6.4
Projekt 04: Blei und Cadmium in bestimmten Nahrungsergänzungsmitteln

Federführendes Amt: AfV Mettmann
Teilnehmende Ämter: CUA Bonn, LUGV Dresden, TLLV Erfurt, LVLUA Halle, CVUA Karlsruhe, CVUA Münster, LGL Oberschleißheim, CLUA Paderborn, LVGA Saarbrücken, CVUA Stuttgart, CUA Viersen

Blei und Cadmium kommen ubiquitär in der Umwelt vor und gelangen über verschiedene Eintragspfade in Lebensmittel bzw. Nahrungsergänzungsmittel. Höchstgehaltsregelungen für Blei und Cadmium in Nahrungsergänzungsmitteln existieren weder in Deutschland noch EU-weit. Allerdings weisen Meldungen im EU-Schnellwarnsystem für Lebensmittel und für Futtermittel (RASFF) seit dem Jahr 2002 auf vereinzelt erhöhte Gehalte an Blei und Cadmium in bestimmten Nahrungsergänzungsmitteln hin. Seitdem wird auf EU-Expertenebene das Erfordernis zur Festsetzung eines EU-weit geltenden Höchstgehalts für Blei und/oder Cadmium in Nahrungsergänzungsmitteln beraten.

Im Rahmen dieses Projekts wurden die Blei- und Cadmiumgehalte in Vitaminpräparaten, Mineralstoffpräparaten, kombinierten Vitamin- und Mineralstoffpräparaten, Pflanzenextraktpräparaten und Algenpräparaten ermittelt. Es wurden insgesamt 306 Proben sowohl von deutschen als auch von ausländischen Herstellern untersucht, wobei keine wesentlichen Unterschiede zwischen Produkten aus dem Inland und Produkten aus dem Ausland festgestellt wurden. Die mindestens einzuhaltende analytische Bestimmungsgrenze lag für Blei bei 0,1 mg/kg und für Cadmium bei 0,01 mg/kg, jeweils bezogen auf die Angebotsform.

180 Proben (59,2 %) enthielten bestimmbare Gehalte an Blei sowie 171 Proben (55,9 %) bestimmbare Cadmiumgehalte.

Vergleicht man die einzelnen Warengruppen untereinander, so wiesen die Vitaminpräparate die niedrigsten Bleigehalte auf. Der höchste ermittelte Gehalt lag hier bei 0,67 mg/kg, wobei

	Anzahl Proben	Proben mit bestimmbaren Gehalten	Mittelwert	Median	90.Perz.	Maximum
Vitaminpräparate	66	17	0,060	0,050	0,113	0,670
Mineralstoffpräparate	66	46	0,250	0,056	0,743	5,080
Vitamin- und Mineralstoffpräparate	93	61	0,235	0,050	0,418	2,170
Pflanzenextraktpräparate	36	21	0,228	0,051	0,761	2,130
Algenpräparate gesamt	43	35	1,155	0,630	3,728	4,500
Gesamt	304	180	0,329	0,050	1,083	5,080

Tab. P04-1 Bleigehalte in Nahrungsergänzungsmitteln (in mg/kg).

das 90. Perzentil 0,11 mg/kg betrug. In Mineralstoffpräparaten, kombinierten Vitamin- und Mineralstoffpräparaten und Pflanzenextraktpräparaten wurden Maximalwerte zwischen 2,1 mg/kg und 5,1 mg/kg nachgewiesen. Diese Warengruppen sind damit in Einzelfällen deutlich höher mit Blei kontaminiert.

Die Belastungssituation der untersuchten Nahrungsergänzungsmittel mit Cadmium ist ähnlich der Situation beim Blei. Die Vitaminpräparate, Mineralstoffpräparate, kombinierten Vitamin- und Mineralstoffpräparate und Pflanzenextraktpräparate wiesen Cadmiumgehalte bis maximal 0,62 mg/kg auf, wobei auch hier die Vitaminpräparate am geringsten kontaminiert sind. Dies könnte auf eine geringere Belastung der eingesetzten Vitaminverbindungen im Vergleich zu Pflanzenextrakten, Algen oder auch Mineralstoffen zurückzuführen sein.

Im Vergleich zu den übrigen Warengruppen waren die Algenprodukte deutlich höher mit Blei und Cadmium kontaminiert. Hier lagen, im Gegensatz zu den übrigen Warengruppen, bei 81 % der untersuchten Algenpräparate quantifizierbare Bleigehalte und bei 91 % der untersuchten Proben nachweisbare Cadmiumgehalte vor.

Insgesamt wurden in vier Proben Bleigehalte über 4 mg/kg ermittelt, wobei der höchste Gehalt bei 4,5 mg/kg lag. Acht Proben wiesen Cadmiumgehalte über 15 mg/kg auf, wobei der höchste Gehalt 23,6 mg/kg betrug. Eine solche Kontamination ist als außergewöhnlich hoch einzuschätzen. Es handelt sich bei allen derartig belasteten Proben um Spirulina-Algenpräparate, wobei sowohl unterschiedliche Chargen als auch verschiedene Hersteller betroffen sind.

Den seitens des Herstellers angebrachten Verzehrsempfehlungen und Packungsbeilagen ist meistens zu entnehmen, dass ein Verzehr über einen längeren Zeitraum vorgesehen ist. Sofern sich die erhebliche Cadmiumkontamination daher auf mehrere Chargen erstreckt, ist eine nicht unerhebliche Belastung über einen längeren Zeitraum und eventuell eine gesundheitliche Beeinträchtigung nicht auszuschließen.

Fazit

Wie aus den hier vorliegenden Untersuchungsergebnissen hervorgeht, weisen 90 % der Proben Gehalte unter 1,1 mg/kg an Blei bzw. Gehalte unter 0,3 mg/kg an Cadmium auf. Auffallend sind allerdings einzelne Proben mit höheren Gehalten. Besonders hervorzuheben sind die Algenpräparate, die sowohl allgemein stärker mit Blei und Cadmium kontaminiert sind, als auch zum Teil extrem erhöhte Cadmiumgehalte aufweisen. Es ist davon auszugehen, dass die erhöhten Blei- und Cadmiumgehalte auf eine Kontamination der verwendeten Spirulinaalgen zurückzuführen sind, da Algen in besonderem Maße Schwermetalle aus dem Wasser anreichern. Bei erhöhter Cadmiumbelastung infolge des von den Herstellern empfohlenen Verzehrs derartiger Algenpräparate über längere Zeiträume können gesundheitliche Beeinträchtigungen nicht ausgeschlossen werden. Da es offensichtlich einerseits technologisch möglich ist, Präparate mit einer vergleichsweise geringen Belastung an Blei und Cadmium herzustellen, andererseits einzelne Präparate deutlich erhöhte Gehalte aufweisen, erscheint es sinnvoll, über Höchstgehaltregelungen die Belastung auf das technologisch Mögliche und Unvermeidbare zu reduzieren. Die Belastung von Algenpräparaten mit Schwermetallen sollte im Rahmen der Routineüberwachung weiterhin untersucht werden.

	Anzahl Proben	Proben mit bestimmbaren Gehalten	Mittelwert	Median	90.Perz.	Maximum
Vitaminpräparate	66	12	0,016	0,005	0,027	0,192
Mineralstoffpräparate	67	39	0,105	0,039	0,302	0,441
Vitamin- und Mineralstoffpräparate	94	60	0,084	0,015	0,270	0,580
Pflanzenextraktpräparate	36	21	0,052	0,006	0,108	0,618
Algenpräparate gesamt	43	39	4,185	0,144	21,736	23,600
Gesamt	306	171	0,646	0,010	0,310	23,600

Tab. P04-2 Cadmiumgehalte in Nahrungsergänzungsmitteln in mg/kg.

6.5
Projekt 05: Pflanzenschutzmittelrückstände in Tomaten

Federführendes Amt: LAVES-LI Oldenburg
Teilnehmende Ämter: LGL Erlangen, LAV Halle, CVUA Münster

Die Untersuchungen des Lebensmittel-Monitorings 2001 und 2004 zeigten eine mittelgradige Kontamination von Tomaten mit Pflanzenschutzmitteln auf. Mit dem aktuellen Projekt sollten Tomaten verschiedener Herkünfte und Anbaumethoden auf ein erweitertes Spektrum von Pflanzenschutzmittelrückständen untersucht werden.

Insgesamt wurden 215 Proben Tomaten auf mindestens 100 Pflanzenschutzmittel untersucht. In 85% (n = 148) der 175 Proben aus konventioneller Erzeugung und in 78% (n = 31) der 40 Proben, die laut Angaben aus ökologischem Anbau stammten, wurden Pflanzenschutzmittelrückstände nachgewiesen. Somit waren in nur 17% aller Tomatenproben keine messbaren Rückstände von Pflanzenschutzmitteln enthalten (s. Tab. P05-1). 55% (n = 96) der konventionell erzeugten Proben sowie 8% (n = 3) der Proben mit Hinweisen auf „Ökoanbau" wiesen mehr als einen Wirkstoffrückstand auf. Insgesamt waren in 46% (n = 99) aller Proben mehr als ein (s. Abb. P05-1) und in 16% (n = 34) der Proben fünf oder mehr Pflanzenschutzmittel nachweisbar. Abgesehen von einer möglichen Nichtbeachtung der guten landwirtschaftlichen Praxis sind Maßnahmen zur Vermeidung und Umgehung von Resistenzentwicklungen und Höchstmengenüberschreitungen, Strategien zur selektiven Bekämpfung unterschiedlicher Schadorganismen oder zur gegenseitigen Wirkungsverstärkung der eingesetzten Stoffe sowie Vermischungen von Partien im Handel als Ursachen für solche Mehrfachbefunde denkbar. Von den drei am stärksten vertretenen Herkunftsländern enthielten die Proben aus Deutschland prozentual am seltensten und diejenigen aus Spanien prozentual am häufigsten mehr als einen Pflanzenschutzmittelrückstand (Mehrfachrückstand).

Das aktuelle Untersuchungsergebnis zeigt weiterhin, dass für Tomatenkulturen ein breites Wirkstoffspektrum zur Anwendung kommt, denn es wurden insgesamt 66 verschiedene Wirkstoffe – vor allem Fungizide und Insektizide – nachgewiesen. Am häufigsten wurde Bromid in den darauf untersuchten Proben quantifiziert (s. Abb. P05-2), dabei überwiegend im Konzentrationsbereich bis 1 mg/kg, wie Abbildung P05-3 zeigt. Die Beurteilung der Bromid-Gehalte als Rückstand bromhaltiger Begasungsmittel zur Bodenbehandlung und Vorratshaltung ist jedoch schwierig, da die physiologische Bromidkonzentration in den Tomaten auch durch die Bodenbeschaffenheit und Düngemittelanwendung beeinflusst wird. Somit können lediglich höhere Gehalte auf Rückstände einer Anwendung bromhaltiger Begasungsmittel gegen Schädlinge hinweisen. Die Höchstmenge für Bromid in Tomaten beträgt 30 mg/kg, zwei Proben mit Gehalten von 32,2 mg/kg bzw. 39,2 mg/kg lagen deutlich darüber.

In jeweils über 10% der darauf untersuchten Proben waren fungizid wirksame Stoffe, wie Dithiocarbamate und Pyrimethanil quantitativ bestimmbar. In mindestens 5% der darauf untersuchten Proben wurden die ebenfalls fungiziden Wirkstoffe Procymidon, Iprodion, Chlorthalonil, Cyprodinil und Azoxystrobin sowie das insektizid wirksame Endosulfan quantifiziert.

In 10 Proben (5%), alle aus konventionellem Anbau, wurden insgesamt 13-mal Gehalte oberhalb der jeweiligen Höchstmengen gemessen (s. Tab. P05-1). Hierbei entfielen die meisten Überschreitungen (n = 3) auf den Wachstumsregulator Chlormequat. Davon stammten 2 Proben aus Deutschland, obwohl Chlormequat hier nur zur Halmfestigung im Ackerbau und zur Stauchung im Zierpflanzenbau zugelassen ist. Die übrigen Überschreitungen der Höchstmengen betrafen je zweimal Acetamiprid und Bromid sowie je einmal die Insektizide Acephat, Dimethoat/Omethoat, Lufenuron, Methamidophos und die Fungizide Bupirimat und Orthophenylphenol.

Die überhöhten Rückstandsgehalte entfielen ausschließlich auf Proben aus Deutschland (viermal), Italien (dreimal) und Spanien (dreimal). Tomaten aus Italien wiesen mit 27% die meisten Höchstmengenüberschreitungen auf. Positiv zu bewerten ist, dass trotz der relativ hohen Probenanzahl keine Probe aus den Niederlanden die Höchstmengen überschritt. Eine Probe aus Deutschland enthielt gleichzeitig die hier nicht für Tomatenkulturen zugelassenen Wirkstoffe Acephat, Dimethoat/Omethoat und Methamidophos in jeweils überhöhten

Tab. P05-1 Pflanzenschutzmittelrückstände in Tomaten.

Herkunftsland	Anzahl Proben	Anzahl Proben mit Rückständen	Proben > Höchstmenge	Stoffe über der Höchstmenge	Proben mit Mehrfachrückständen
Belgien	10	10 (100%)	0		5 (50%)
Deutschland	72	45 (63%)	4 (6%)	Acephat, Bupirimat, Chlormequat (2-mal), Dimethoat/Omethoat, Methamidophos	13 (18%)
Frankreich	6	6 (100%)	0		3 (50%)
Israel	4	4 (100%)	0		1 (25%)
Italien	11	11 (100%)	3 (27%)	Acetamiprid, Bromid (2-mal), Chlormequat	7 (64%)
Malta	2	2 (100%)	0		1 (50%)
Marokko	4	4 (100%)	0		3 (75%)
Niederlande	56	49 (88%)	0		29 (52%)
Spanien	50	48 (96%)	3 (6%)	Acetamiprid, Lufenuron, Orthophenylphenol	37 (74%)
Summe	215	179 (83%)	10 (5%)		99 (46%)

Konzentrationen. Beim Verzehr dieser einen Probe konnte aufgrund des hohen Methamidophos-Gehaltes von 1,06 mg/kg ein gesundheitliches Risiko für Kinder von 2 ≤ 5 Jahren nicht mit Sicherheit ausgeschlossen werden.

Vergleicht man das Gesamtergebnis des Jahres 2005 mit den Untersuchungen der Jahre 2001 und 2004 (s. Abb P05-4), fällt auf, dass die Anzahl der Proben mit Höchstmengenüberschreitungen fast exakt derjenigen von 2004 entsprach. Dagegen kam es 2005 im Vergleich mit den vorherigen Untersuchungen zu einem deutlichen Anstieg an Proben mit Rückständen unterhalb der Höchstmengen.

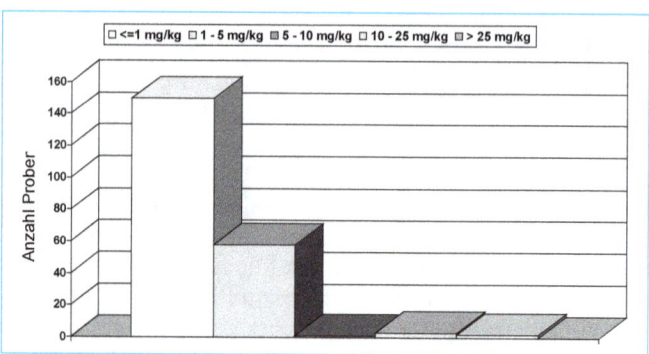

Abb. P05-3 Anzahl von Proben mit Bromid-Gehalten in verschiedenen Konzentrationsbereichen.

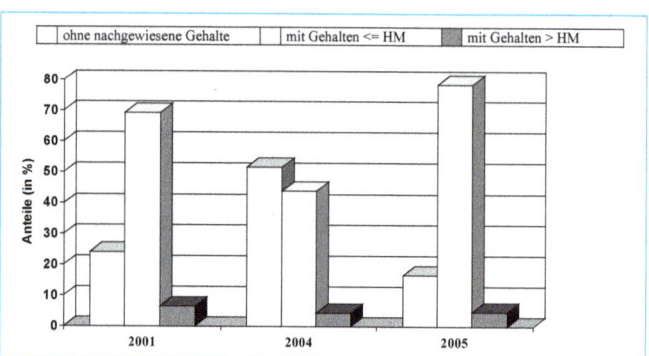

Abb. P05-4 Pflanzenschutzmittelrückstände in Tomaten im Jahresvergleich.

Fazit

In Tomaten waren häufig Pflanzenschutzmittelrückstände nachweisbar. Wie schon in den Untersuchungsprogrammen 2001 und 2004 kam es zu einer mittelgradigen Überschreitung der Höchstmengen. Fast die Hälfte der untersuchten Proben wies mehr als einen Pflanzenschutzmittelrückstand auf und in 16 % der Proben waren fünf oder mehr Wirkstoffe nachweisbar. Auf das Herkunftsland Deutschland entfielen prozentual die meisten Proben ohne messbare Gehalte und die wenigsten Proben mit Mehrfachrückständen.

6.6
Projekt 06: Persistente Organochlorverbindungen in Treibhausgurken

Federführendes Amt: LSH Neumünster
Teilnehmende Ämter: HU Hamburg, LAVES-LI Oldenburg, CLUA Dortmund, CEL Recklinghausen, LGL Erlangen, LUA Leipzig, TLLV Erfurt

Gurken und andere Kürbisgewächse reichern offenbar persistente Organochlorverbindungen (POC) wie Dieldrin oder Heptachlorepoxid selektiv aus dem Boden an, die aufgrund ihrer Beständigkeit noch als Altlasten aus den viele Jahre zurückliegenden Pflanzenschutzmittelanwendungen vorkommen können. Im Gegensatz zum Freiland herrschen in Gewächshäusern andere Temperatur- und insbesondere

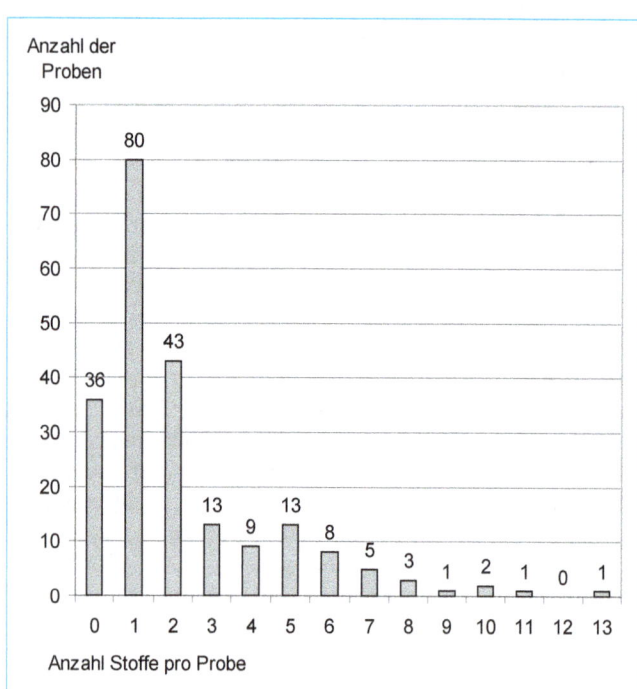

Abb. P05-1 Mehrfachrückstände in Tomaten.

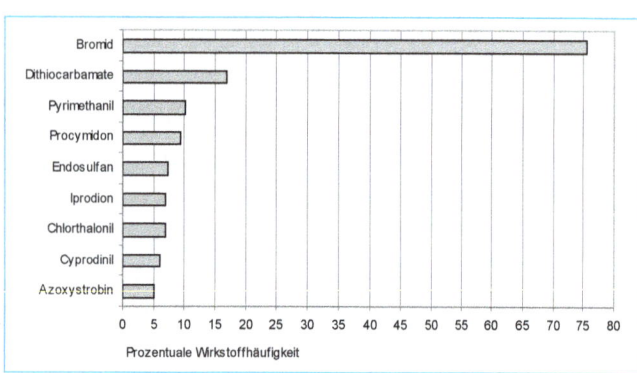

Abb. P05-2 Häufig quantifizierte Wirkstoffe in Tomaten.

Wirkstoff	Befund-Anzahl	Wertebereich mg/kg	Mittelwert mg/kg	Median mg/kg	90. Perzentil mg/kg
Dieldrin	35	0,001–0,049	0,012	0,007	0,029
Heptachlorepoxid	16	0,005–0,059	0,024	0,017	0,044
HCB	2	0,001			
Endrin	1	0,015			

Tab. P06-1 Organochlorverbindungen in inländischen Gurken.

Region	Anzahl Proben	Anzahl der Proben mit POC-Befunden	Anzahl der Proben mit POC- Höchstmengenüberschreitungen
Sachsen	15	0	0
Thüringen	18	0	0
Niedersachsen	26	2 (7,7%)	1 (3,8%)
Nordrhein-Westfalen	46	8 (17,4%)	1 (2,2%)
Bayern	41	9 (21,9%)	1 (2,4%)
Schleswig-Holstein	13	5 (38,5%)	1 (7,7%)
Hamburg	26	19 (73,1%)	13 (50%)
Unbekannt	19	2 (10,5%)	0
Summe	204	45 (22,1%)	17 (8,3%)

Tab. P06-2 Rückstände in Gurken nach Bundesländern.

Feuchtigkeitsbedingungen im Boden. Dadurch kann der chemische und mikrobielle Abbau dieser Stoffe in den oft jahrelang genutzten Böden verzögert sein und somit noch vergleichsweise höhere Konzentrationen vorliegen. Lokale Untersuchungen im Jahre 2004 zeigten, dass in Treibhausgurken Befunde mit Höchstmengenüberschreitungen vorkommen können.

Daher sollte in diesem Projekt gezielt die Situation von inländischen Treibhausgurken im Hinblick auf das Vorkommen der Stoffe Aldrin, Dieldrin, Heptachlorepoxid, HCH- und DDT-Isomere, HCB und Endosulfansulfat untersucht werden. Gleichzeitig sollte das Projekt Daten für das KÜP liefern. Aus diesem Grund wurde bei fast allen Proben das Untersuchungsspektrum auf aktuelle Wirkstoffe erweitert; außerdem wurden Proben ausländischer Herkunft einbezogen.

Hinsichtlich der POC wurden von 204 untersuchten inländischen Proben in 45 Proben die Stoffe Dieldrin, Heptachlorepoxid, HCB und Endrin gefunden. Darunter waren 27 Proben mit Dieldrin, 10 Proben mit Heptachlorepoxid, 6 Proben mit Dieldrin und Heptachlorepoxid, eine Probe mit Dieldrin und HCB sowie eine Probe mit Endrin, Dieldrin und HCB. Die Tabelle P06-1 zeigt die Ergebnisse im Überblick.

Ein Vergleich mit den Höchstmengen zeigt, dass die Dieldrinwerte die Höchstmenge (0,02 mg/kg) bei 14% und die Heptachlorepoxidwerte die Höchstmenge (0,01 mg/kg) bei 75% der positiven Befunde überschreiten. Das Probenaufkommen lässt sich 8 Regionen mit folgenden Ergebnissen zuordnen (s. Tab. P06-2).

Im Durchschnitt finden sich bei 22% der Proben POC-Gehalte, bei 8% überschreiten diese die Höchstmengen. Dabei lassen sich im Hinblick auf die regionale Verteilung Unterschiede feststellen. Neben Gebieten ohne POC-Befunde existieren Regionen mit geringen bis mittleren, aber auch mit hohen Befundanteilen. Demnach kommt offenbar die Langzeitnutzung von Gewächshausböden regional entsprechend unterschiedlich vor.

Im Fall des Befundes von Endrin, Dieldrin und HCB in einer Probe wurde durch Untersuchung der Gewächshauserde das Stoffmuster bestätigt.

Die ADI-Werte für Dieldrin und Heptachlorepoxid werden für eine Person von 60 kg Körpergewicht bei einer durchschnittlichen täglichen Verzehrsmenge von 9,5 g Gurke[4] mit den o. a. mittleren Stoffgehalten zu 2 bzw. 4% ausgeschöpft.

Im Rahmen des KÜP wurden 257 Proben auf durchschnittlich 173 Wirkstoffe (Median: 204, minimal: 17, maximal: 262) untersucht. Von den 204 inländischen Proben wurden 157 auf der Erzeugerebene entnommen. Rückstände konnten in 48% aller Proben nachgewiesen werden, 18% aller Proben wiesen mehrere Wirkstoffe gleichzeitig auf. In 8% der Proben wurden Höchstmengen überschritten. Die Tabelle P06-3 zeigt die Ergebnisse zusammenfassend entsprechend der Herkunft.

Die Tabelle P06-4 zeigt die Verteilung der Mehrfachrückstände.

Es konnten 42 verschiedene Wirkstoffe quantifiziert werden, über die Art der häufiger vorkommenden Wirkstoffe informiert Abbildung P06-1.

---
[4] Schroeter A, Sommerfeld G, Klein H, Hübner D (1999) Warenkorb für das Lebensmittel-Monitoring in der Bundesrepublik Deutschland. Bundesgesundheitsblatt 1:77-83.

Tab. P06-3 Rückstände in Gurken nach Herkunft.

Herkunftsland	Anzahl Proben	mit Rückständen	Proben > Höchstmenge	Stoffe über der Höchstmenge	Proben mit Mehrfachrückständen
Deutschland	204	99	19	Heptachlorepoxid (12x), Dieldrin (5x), Endrin (1x), Lambda-Cyhalothrin (1x), Fenhexamid (1x), Etridiazol (1x)	37
Niederlande	41	17	1	Etridiazol (1x), Triflumizol (1x)	5
Spanien	7	5	0		4
Bulgarien	2	0			
Belgien	1	0			
Unbekannt	2	1	0		

Tab. P06-4 Mehrfachrückstände in Gurken.

Herkunftsland	Anzahl der Rückstände pro Probe						
	0	1	2	3	4	5	6	11
Deutschland	105	62	27	6	2	1	1	
Niederlande	23	12	3	2				
Spanien	2	1	1	0	0	2	0	1
andere	3							
Unbekannt	1	1						

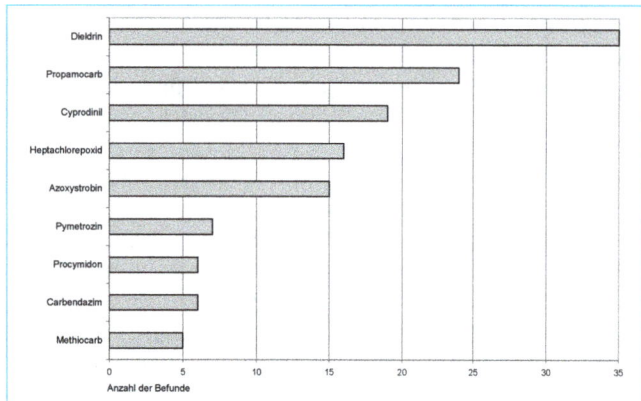

Abb. P06-1 Häufig quantifizierte Wirkstoffe in Treibhausgurken.

Fazit

Die Untersuchungen haben gezeigt, dass auch 25 Jahre nach den Anwendungsverboten Wirkstoffe damaliger Pflanzenschutzmittel als Rückstände in einem nicht unerheblichen Umfang, teilweise sogar mit hohen Überschreitungsquoten, auftreten können. Als Ursache ist die Erde in Gewächshäusern, die bei entsprechendem Alter und Vorgeschichte des Betriebes noch mit diesen Stoffen belastet sein kann, in Verbindung mit der Fähigkeit von Cucurbitaceen, derartige Stoffe aufnehmen zu können, zu nennen. Zusätzlich spielen regionale Gegebenheiten eine Rolle. Die geringe Ausschöpfungsrate für den ADI-Wert zeigt keine gesundheitliche Problematik an. Dagegen ist die Situation im Bezug auf die Rückstände aus aktueller Pflanzenschutzmittel-Anwendung als positiv zu bewerten, da die Anteile mit positiven Befunden, Höchstmengenüberschreitungen und Mehrfachrückständen bei den gegenwärtig angewendeten Wirkstoffen relativ gering ausfallen.

6.7
Projekt 07: Ochratoxin A, Deoxynivalenol und Zearalenon in Getreidemehlen

Federführendes Amt: LALLF Rostock
Teilnehmende Ämter: LAVES-LI Braunschweig, CUA Hamm, CVUA Münster, SUAH Wiesbaden, CVUA Sigmaringen, CVUA Stuttgart, LGL Oberschleißheim, LVGA Saarbrücken

Das Interesse an Daten zum Vorkommen von Fusarientoxinen, zu denen u. a. Deoxynivalenol und Zearalenon gehören, hat in den letzten Jahren deutlich zugenommen. Mit der Festsetzung von Höchstmengen für Getreideerzeugnisse in der Mykotoxin-Höchstmengenverordnung stellte sich auch die Frage nach der aktuellen Belastungssituation. Während im Lebensmittel-Monitoring schon mehrmals Untersuchungen an Getreide für die menschliche Ernährung durchgeführt wurden, lag für Getreidemehle keine vergleichbare Anzahl von Daten vor. Da auch Ochratoxin A in Getreideerzeugnissen von Bedeutung ist, wurde es mit in das Untersuchungsprogramm einbezogen.

Im Rahmen des Projektes wurden insgesamt 246 Proben untersucht. Dabei handelte es sich ausschließlich um Roggen- und Weizenmehle von unterschiedlichem Ausmahlgrad, die aus der Herstellung (n = 51), der handwerklichen bzw. industriellen Verarbeitung (n = 41), dem Großhandel bzw. der La-

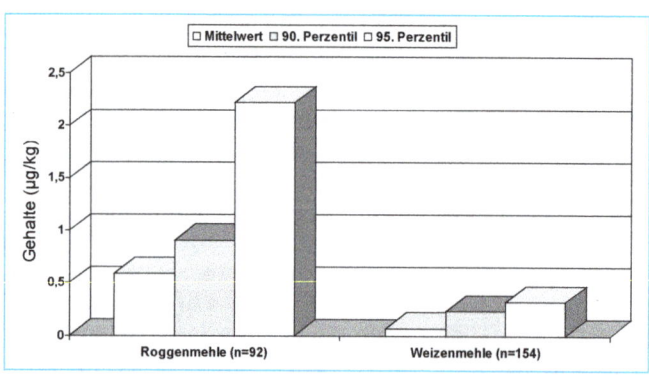

Abb. P07-1 Ochratoxin A in Getreidemehlen (Höchstmenge: 3 µg/kg).

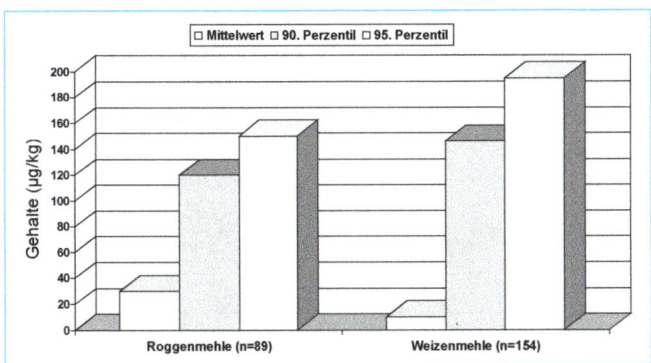

Abb. P07-2 Deoxynivalenol in Getreidemehlen (Höchstmenge: 500 μg/kg).

gerwirtschaft (n = 3) und vor allem auf der Einzelhandelsstufe (n = 151) entnommen wurden. Bei den Roggenmehlen wurde bevorzugt Type 1150 und 997, bei den Weizenmehlen Type 405, 550 und Vollkornmehl untersucht.

Im Folgenden werden die Ergebnisse für die untersuchten Mykotoxine als Vergleich zwischen Roggen- und Weizenmehl dargestellt. Eine weitere Differenzierung nach Mehltyp war wegen der z. T. sehr kleinen Einzelprobenzahlen nicht sinnvoll.

Insgesamt ist festzustellen, dass sowohl Mittelwerte als auch 90. und 95. Perzentile deutlich unter den jeweils geltenden Höchstmengen liegen.

Lediglich beim Ochratoxin A wurden in drei Proben Roggenmehl Type 1150 und einer Probe Roggenvollkornmehl Überschreitungen der Höchstmenge von 3,0 μg/kg festgestellt. Dies entspricht einem Anteil von 4% der untersuchten Roggenmehle. Bestimmbare Gehalte wurden in 44% der Roggen- und 23% der Weizenmehlproben ermittelt. Abbildung P07-1 zeigt deutlich die höhere Kontamination der Roggenmehle mit Ochratoxin A gegenüber den Weizenmehlen.

Zearalenon war in 93% der Roggen- und 98% der Weizenmehlproben nicht nachweisbar. Eine Darstellung der Perzentile ist deshalb nicht möglich. Nur in zwei Roggenmehlen Type 997 und einem Weizenmehl Type 405 waren bestimmbare Gehalte zu verzeichnen. Mit maximal 14,1 μg/kg beim Roggenmehl bzw. 10,1 μg/kg beim Weizenmehl bleiben diese Werte weit unter der zulässigen Höchstmenge von 50 μg/kg.

Die Situation beim Deoxynivalenol stellt sich im Vergleich der Getreidearten etwas anders dar (s. Abb. P07-2). Roggenmehl ist geringfügig weniger häufig kontaminiert als Weizenmehl. Der Anteil bestimmbarer Gehalte ist mit 27% der Roggen- und 56% der Weizenmehlproben gegenüber den anderen Mykotoxinen am höchsten. Die Maximalwerte sind bei den Weizenmehlen zu verzeichnen. Obwohl die Höchstmenge von 500 μg/ kg nicht überschritten wurde, liegen die Gehalte in zwei Weizenmehlproben (477 μg/kg, 496 μg/kg) nur knapp darunter.

Neben den Einzelbefunden waren in 44 Proben mehrere Mykotoxine nebeneinander bestimmbar. Am häufigsten trat dabei Ochratoxin A mit Deoxynivalenol (n = 39) auf. Auch die Kombination Ochratoxin A und Zearalenon (n = 2) sowie der Nachweis aller drei Mykotoxine (n = 3) wurden beobachtet. Befunde mit Deoxynivalenol und Zearalenon gab es nicht.

Wie schon am Anfang erwähnt, wurden für die Beurteilung von Deoxynivalenol und Zearalenon die Höchstmengen der Mykotoxin-Höchstmengenverordnung herangezogen. Die EU hat mit der VO (EG) Nr. 856/2005 zur Änderung der VO (EG) Nr. 466/2001 eigene Festsetzungen getroffen, die ab dem 01.07.2006 gelten. Damit ist in Getreideerzeugnissen für Deoxynivalenol sogar ein Gehalt von 750 μg/kg, für Zearalenon von 75 μg/kg erlaubt. Die Ergebnisse des Projektes zeigen, dass auch die wesentlich schärferen nationalen Forderungen einhaltbar sind.

Fazit

Die Kontamination der Getreidemehle mit Ochratoxin A, Zearalenon und Deoxynivalenol ist im Untersuchungszeitraum 2005 gering. Die Verunreinigung mit Zearalenon scheint keine Rolle zu spielen. Deoxynivalenol war zwar am häufigsten bestimmbar, alle Werte lagen aber unterhalb der Höchstmenge. Die Höchstmenge des Ochratoxin A wurde in 4 Proben überschritten. Nach den vorliegenden Ergebnissen ist das Roggenmehl im Vergleich zum Weizenmehl häufiger und höher mit Ochratoxin A, das Weizenmehl dagegen häufiger und höher mit Deoxynivalenol kontaminiert.

Eine weitere Verfolgung der Problematik ist angezeigt, da bekannt ist, dass die Erntejahre 2004 und 2005, aus denen die Rohstoffe für die untersuchten Proben stammten, keine Fusarienjahre waren, d. h. der Befall des Getreides mit Fusarien war gering und somit auch die Wahrscheinlichkeit der Toxinbildung. In ausgesprochenen Fusarienjahren kann deshalb die Situation anders aussehen. Bei weiteren Untersuchungen sollte auch dem möglichen Zusammenhang zwischen Ausmahlgrad und Mykotoxingehalt nachgegangen werden.

6.8
Projekt 08: Cadmium in Tintenfischerzeugnissen

Federführendes Amt: LAVES-IFF Cuxhaven
Teilnehmende Ämter: ILAT Berlin, LGL Oberschleißheim, LHL Wiesbaden, CVUA Freiburg, LVL Rostock, SVUA Arnsberg, LLB Brandenburg

Die im Allgemeinen als „Tintenfisch" bezeichneten Meerestiere gehören zu den Weichtieren (Mollusken) und sind Kopffüßler (Cephalopoda). Sie haben acht (Octopoda) oder zehn (Decapoda) mit Saugnäpfen besetzte Fangarme. Bekannt sind ca. 1000 lebende Arten. Zu den Octopoda gehört der Octopus (Kraken). Kalmare (Loligo sp. und Illex sp.) und Sepia-Arten gehören zu den Decapoda. Tintenfische kommen überwiegend aus den Gewässern um Süd-Ost-Asien und Süd-Europa.

Fische konzentrieren nur geringe Mengen Cadmium in ihrem Gewebe. Tintenfische, aber auch Krebse und Muscheln neigen jedoch dazu, durch Bioakkumulation Cadmium anzureichern. Vor allem in den Innereien dieser Tiere können dann höhere Cadmiumgehalte angetroffen werden. Daher können Tintenfischerzeugnisse mit Cadmium verunreinigt sein, wenn die Rohware nicht gründlich ausgenommen und gereinigt wurde, also noch Reste von Innereien enthält oder auch mit Innereien angeboten wird.

Tintenfischringe zeichnen sich durch sehr geringe Cadmiumgehalte aus. Das mag daran liegen, dass die zur Herstellung von Ringen verwendeten Tintenfische vor dem Schneiden

Tab. P08-1 Cadmiumgehalte in Tintenfischerzeugnissen.

Fischart, -erzeugnis	Anzahl Proben	Median (mg/kg)	Mittelwert (mg/kg)	90.Perz. (mg/kg)	Maximum (mg/kg)	Anzahl/Anteil (%) > Höchstmenge
Sepia (Sepia sp.)	54	0,133	0,368	0,896	3,060	4/7,4
Krake (Octopus sp.)	15	0,020	0,068	0,256	0,324	0
Kalmar (Loligo sp, Illex sp.)	37	0,051	0,203	0,455	2,650	2/5,4
Tintenfisch in div. Soßen/Tunken	11	0,040	0,071	0,259	0,272	0

umgehend gereinigt werden, so dass eine Kontamination des Muskelfleisches mit den Innereien nicht erfolgen kann. Im Folgenden wird entsprechend dem allgemeinen Sprachgebrauch weiterhin der Begriff „Tintenfischerzeugnis" bzw. „Tintenfisch" für die oben aufgeführten Weichtierarten verwendet.

Auswertungen der Schnellwarnungen aus den Jahren 2004 und 2005 ergaben 27 Meldungen zu Tintenfischerzeugnissen mit erhöhten Cadmiumgehalten. Bei den meisten Schnellwarnungen handelt es sich um Rückweisungen an den Grenzkontrollstellen. Die Meldungen wiesen Cadmiumgehalte bis 18 mg/kg auf. Am häufigsten wurden als Herkunftsländer Indien, Thailand und Vietnam genannt.

Ziel des Projektes war es, die Kontaminationssituation von Tintenfischerzeugnissen (ausgenommen Tintenfischringen),

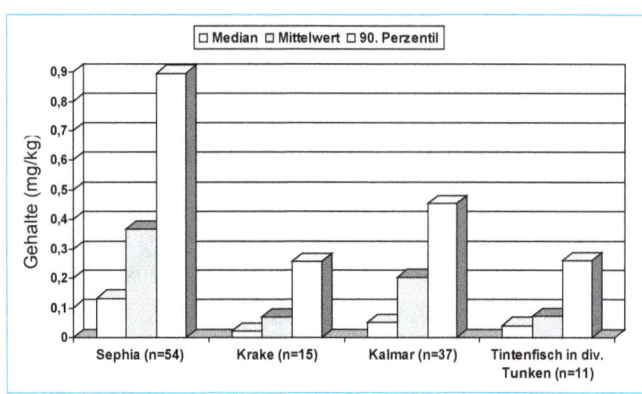

Abb. P08-1 Cadmium-Gehalte in Tintenfischerzeugnissen (Zum Vergleich: Der zulässige Höchstgehalt für Cadmium in Tintenfischen liegt bei 1 mg/kg).

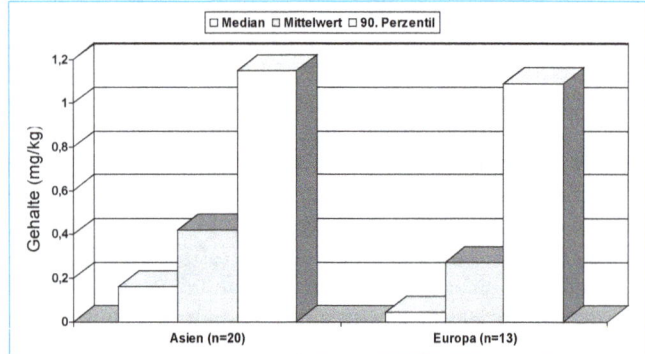

Abb. P08-2 Cadmium-Kontamination von Tintenfischerzeugnissen nach Herkunftsregionen (Zum Vergleich: Der zulässige Höchstgehalt für Cadmium in Tintenfischen liegt bei 1 mg/kg).

die auf dem inländischen Markt angeboten werden, systematisch zu erfassen. Als Beurteilungsgrundlage dient die VO (EG) Nr. 466/2001, in der für Tintenfische (ohne Innereien) ein Höchstwert für Cadmium von 1,0 mg/kg festgelegt ist.

Insgesamt wurden 117 Tintenfischerzeugnisse auf Cadmium untersucht. Die Anzahl der untersuchten Tierarten und die ermittelten Cadmiumgehalte sind in der Tabelle P08-1 zusammengefasst und in der Abbildung P08-1 grafisch dargestellt.

Es ist zu erkennen, dass die Sepia-Arten insgesamt höhere Cadmiumgehalte aufweisen als Kalmare (frisch, TK) und dass Tintenfischerzeugnisse in Tunken oder Aufgüssen ebenso wie Kraken vergleichsweise geringere Cadmiumgehalte aufweisen. Dieses Ergebnis entspricht auch den in den Schnellwarnungen angesprochenen Erzeugnissen. Wenn man nun hinsichtlich der in diesem Projekt mit 54 Proben am häufigsten untersuchten Tintenfischart „Sepia" die deklarierte Herkunft (n=33) mit berücksichtigt, dann sind Erzeugnisse aus dem asiatischen Raum durchweg höher kontaminiert als Sepia-Erzeugnisse aus Süd-Europa (s. Abb. P08-2).

Auf freiwilliger Basis wurden die Tintenfischerzeugnisse von einigen der am Projekt beteiligten Untersuchungseinrichtungen auch auf die Elemente Quecksilber und Blei untersucht. Die ermittelten Blei- und Quecksilbergehalte lagen weit unterhalb der Höchstwerte der VO (EG) Nr. 466/2001 von 1,0 mg/kg für Blei und 0,5 mg/kg für Quecksilber.

Fazit

Auch wenn sich die Schnellwarnungen zur Überschreitung von Cadmiumgehalten in Tintenfischerzeugnissen vorwiegend aus dem asiatischen Raum tendenziell bestätigen, so ist eine Beanstandungsquote von im Mittel 5% und einem Maximalwert um 3 mg/kg ein Hinweis darauf, dass durch die Kontrollen an den Grenzeingangsstellen Erzeugnisse mit extrem hohen Cadmiumgehalten erfolgreich abgewiesen werden. Dennoch bleibt die verstärkte Kontrolle und Untersuchung von Tintenfischerzeugnissen ein wichtiger Aufgabenbereich der Drittlandeinfuhrstellen.

6.9
Projekt 09: Benzo(a)pyren in Räucherfisch

Federführendes Amt: LLB Brandenburg
Teilnehmende Ämter: LAVES-IFF Cuxhaven, CVUA Freiburg, CVUA Stuttgart, LGL Oberschleißheim, CUA Bonn/Köln/Leverkusen, CUA Essen/Wesel/Viersen, LVUA Neumünster, TLLV Jena

Tab. P09-1 Benzo(a)pyren in Räucherfisch.

Probenart	Anzahl Proben	Median (µg/kg FS)	Mittelwert (µg/kg FS)	90.Perz. (µg/kg FS)	95.Perz. (µg/kg FS)	Maximum (µg/kg FS)	Höchst-gehalt (µg/kg FS)
Räucherfisch	176	0,1	0,38	1,0	1,6	7,0	5,0

Polycyclische aromatische Kohlenwasserstoffe (PAK) sind organische Verbindungen. Davon sind bislang mehr als 250 verschiedene Substanzen bekannt, die durch Pyrolyse beim unvollständigen Verbrennen von Materialien wie Holz, Kohle oder Öl, also gerade auch beim Prozess des Räucherns entstehen. Der bekannteste Vertreter der PAKs ist zweifelsohne Benzo(a)pyren (BaP). Dieser Stoff ist stark kanzerogen und gilt momentan als Leitsubstanz für polycyklische aromatische Kohlenwasserstoffe.

Die Entstehung von PAKs beim Räucherprozess ist verfahrensabhängig. Neben der Art der Räucherung (direkt oder indirekt) spielt auch die Dauer und Intensität der Raucheinwirkung auf den zu räuchernden Fisch eine maßgebliche Rolle.

Bei der direkten Räucherung von Fisch und Fischprodukten in kleinen traditionellen Handwerksbetrieben und auf Marktveranstaltungen werden oftmals noch so genannte Altonaer-Öfen verwendet. Bei diesem Verfahren ist der Verdacht einer starken Kontamination mit PAKs besonders gegeben, da der Fisch direkt über Buchen- oder Erlenholz geräuchert wird.

Bis Anfang 2005 sind in der EU wie auch national für geräucherte Fische und Fischerzeugnissen keine Höchstgehalte bezüglich BaP festgelegt gewesen. National war in der Aromen-VO allein für geräucherte Fleischerzeugnisse ein Grenzwert für BaP von 1 µg/kg festgesetzt. Unter Bezugnahme auf diesen gesetzlich fixierten Höchstwert gab es bis dahin auch eine nicht unerhebliche Beanstandungsquote von untersuchten geräucherten Fischerzeugnissen aus kleinen Handwerksbetrieben im amtlichen Untersuchungsbereich.

Diese Tatsache gab Anlass für die Planung des hier bearbeiteten Monitoring-Projektes. Ziel des Projektes war es, einen Überblick über die Belastungssituation von traditionell geräucherten Fischen aus kleinen Handwerksbetrieben mit BaP zu erhalten. Mit der VO (EG) 208/2005 vom 04. Februar 2005 zur Änderung der VO (EG) 466/2001 im Hinblick auf polycyclische aromatische Kohlenwasserstoffe wurden Höchstgehalte für BaP in verschiedenartigsten Lebensmitteln für die EU verbindlich festgelegt. Seit dem 1. April 2005 gilt hiermit für Muskelfleisch von geräuchertem Fisch und geräucherten Fischerzeugnissen (außer Schalentieren) ein Höchstgehalt an BaP von 5,0 µg/kg Frischgewicht (FS).

Insgesamt wurden 176 Räucherfische auf BaP untersucht. Dabei handelte es sich überwiegend um geräucherte Forellen bzw. Forellenfilets sowie um Räuchermakrelen, vereinzelt wurden auch geräucherte Fische wie Aal, Lachs, Karpfen, Rotbarsch, Heilbutt, Flunder, Wels und Renke untersucht. Der ermittelte Maximalwert von 7 µg/kg lag über dem Höchstgehalt. Insgesamt lagen die Werte für BaP bei 95 % der Ergebnisse unter 1,6 µg/kg sowie bei 90 % der Untersuchungsergebnisse unter 1 µg/kg und damit deutlich unterhalb des gesetzlich festgelegten Höchstwertes. Höchstgehaltsüberschreitungen sind somit Ausnahmen.

Fazit

Die Untersuchungsergebnisse zeigen, dass die überwiegende Mehrzahl der in kleinen Handwerksbetrieben hergestellten Räucherfische einen BaP-Gehalt von unter 1 µg/kg und damit weit unter dem für diese Produkte gesetzlich fixierten Höchstwert von 5 µg/kg aufweist. Nach Aufnahme dieser Höchstgehaltsregelung für BaP in die VO (EG) 466/2001 im Jahr 2005 wurde bereits mehrfach im Schrifttum kritisch angemerkt, dass dieser Grenzwert als zu hoch angesehen wird, insbesondere im Hinblick auf die vorher verbindliche Festsetzung in der Aromen-VO für Fleischerzeugnisse. Nach dem heute erreichten technologischen Verfahrensstand beim Räucherprozess sowie bei Einhaltung einer guten Verarbeitungspraxis können selbst bei handwerklich hergestellten Räucherfischwaren wesentlich unter 5 µg/kg liegende BaP-Gehalte erreicht werden.

6.10
Projekt 10: Herbizid-Rückstände in bestimmten Gemüsearten

Federführendes Amt: CVUA Stuttgart
Teilnehmende Ämter: LUA Bremen, CUA Hagen, LAVES-LI Oldenburg

Obwohl es sich bei der Stoffgruppe der Herbizide um die mengenmäßig am meisten ausgebrachten Pflanzenschutzmittelwirkstoffe handelt, existieren derzeit nur sehr wenig Informationen über das Vorkommen und die Gehalte dieser Pestizidklasse in Lebensmitteln. Hauptanwendungsgebiete für Herbizide stellen Getreide-, Raps- und Zuckerrübenkulturen dar, aber auch in Gemüsekulturen, insbesondere den Kulturen, deren Ernte maschinell eingebracht wird, werden Herbizide eingesetzt. Im Rahmen dieses mehrjährigen Projektes werden daher verschiedene Gemüsearten auf Herbizidrückstände untersucht, um entsprechende Rückstandsdaten zu gewinnen.

Insgesamt wurden in diesem Berichtsjahr 209 Proben verschiedener Gemüsearten auf Rückstände von 61 vereinbarten Pflichtstoffen aus der Stoffgruppe der Herbizide sowie weiterer (maximal 500) Pestizidwirkstoffe untersucht. In 44 % der Proben konnten Rückstände aus einer Gesamtheit von insgesamt 47 verschiedenen Pflanzenschutzmittelwirkstoffen nachgewiesen werden, wobei es sich bei 13 Wirkstoffen (28 %) um Herbizide aus dem Pflichtstoffspektrum handelte.

In 11 Gemüseproben (8× Blattgemüse, 3× Wurzelgemüse) wurden Rückstandsgehalte über der gesetzlich festgelegten Höchstmenge nachgewiesen. Dabei waren die Höchstmengenüberschreitungen in drei Proben Blattgemüse (2× Dill, 1× Spinat) auf überhöhte Herbizidrückstände (2× Linuron, 1× Haloxyfop) zurückzuführen. Die Untersuchungsergebnisse sind in nachfolgender Tabelle differenziert nach Gemüseart dargestellt.

Tab. P10-1 Rückstände in Gemüsearten.

Gemüseart	Anzahl Proben	Proben mit Rückständen	Proben mit Gehalten > Höchstmenge	Proben mit Mehrfachrückständen
Blattgemüse:	134	44 (33 %)	8 (6 %)	22 (16 %)
Basilikum	4	2 (50 %)	1 (25 %)	2 (50 %)
Bohnenkraut	2	1 (50 %)	0	1 (50 %)
Dill	13	7 (54 %)	2 (15 %)	3 (23 %)
Feldsalat	39	11 (28 %)	3 (8 %)	5 (13 %)
Kresse	1	0	0	0
Küchenkräuter	4	1 (25 %)	1 (25 %)	1 (25 %)
Petersilienblätter	29	9 (31 %)	0	3 (10 %)
Salbei	1	0	0	0
Schnittlauch	19	3 (16 %)	0	2 (11 %)
Spinat	20	10 (50 %)	1 (5 %)	5 (25 %)
Thymian	1	0	0	0
Zitronenmelisse	1	0	0	0
Wurzelgemüse:	75	47 (63 %)	3 (4 %)	34 (45 %)
Karotten	40	15 (38 %)	1 (3 %)	13 (33 %)
Knollensellerie	35	32 (91 %)	2 (6 %)	21 (60 %)
Insgesamt	209	91 (44 %)	11 (5 %)	56 (27 %)

Tab. P10-2 Häufigkeit und Rückstandsgehalte von Herbizidrückständen.

Herbizid	Anzahl Befunde	Rückstände in Blattgemüse	Rückstände in Wurzelgemüse	Gehalte <0,05 mg/kg	Gehalte ≥ 0,05 mg/kg
Linuron	53	12	41	35	18
Pendimethalin	4	4	0	3	1
Propyzamid	3	3	0	2	1
Clomazone	2	0	2	2	0
Metobromuron	2	2	0	2	0
Trifluralin	2	2	0	2	0
Clopyralid	1	1	0	1	0
Diuron	1	1	0	1	0
Haloxyfop	1	1	0	0	1
Ioxynil	1	1	0	1	0
Lenacil	1	1	0	1	0
Methabenzthiazuron	1	1	0	1	0
Quizalofop	1	0	1	1	0

Wie diese Untersuchungsergebnisse zeigen, sind die Wirkstoffe aus der Substanzklasse der Herbizide sehr häufig als Rückstände in Blatt- und Wurzelgemüse anzutreffen. Bei jedem dritten nachgewiesenen Pflanzenschutzmittelwirkstoff handelt es sich um ein Herbizid (73 von 229 positiven Rückstandsbefunden). Die festgestellten Herbizid-Rückstandsgehalte sind jedoch meistens sehr klein. 71 % der ermittelten Gehalte liegen unterhalb von 0,05 mg/kg Lebensmittel. Höhere Gehalte können fast ausnahmslos auf das am häufigsten nachgewiesene Herbizid Linuron zurückgeführt werden. In zwei Proben Blattgemüse lagen die nachgewiesenen Linuron-Rückstandsgehalte sogar über 0,5 mg/kg Lebensmittel.

Die Untersuchungsergebnisse zeigen auch, dass das Spektrum der verschiedenen nachgewiesenen Herbizide bei Blattgemüse wesentlich größer ist als bei Wurzelgemüse. Während in den 134 untersuchten Proben Blattgemüse 11 verschiedene Herbizidwirkstoffe nachgewiesen werden konnten, waren es in den 75 Proben Wurzelgemüse lediglich drei (s. Tab. P10-2).

Die nachgewiesenen Herbizide des Pflichtspektrums sind entsprechend ihrer Häufigkeit und ihres Rückstandsgehaltes in Tabelle P10-2 aufgeführt.

Fazit

Die Untersuchungsergebnisse zeigen, dass die Wirkstoffe aus der Substanzklasse der Herbizide, die mengenmäßig zu den am meisten ausgebrachten Pflanzenschutzmittelwirkstoffen gehören, auch sehr häufig als Rückstände in Blatt- und Wurzelgemüse anzutreffen sind. Bei jedem dritten nachgewiesenen Wirkstoff handelte es sich um ein Herbizid, die Rückstandsgehalte sind hier jedoch meistens kleiner als 0,05 mg/kg. Besonders auffällig ist, dass das Herbizid Linuron, welches in Deutschland nur in Ausnahmefällen angewendet werden darf, mit Abstand am häufigsten nachgewiesen wurde und die größten Rückstandsgehalte aufwies. Um weitere Rückstandsdaten zum Vorkommen der Herbizide in verschiedenen Lebensmittelmatrices zu erhalten, werden diese Untersuchungen im Rahmen des Projekt-Monitorings 2006 fortgeführt.

7 Übersicht der bisher im Monitoring untersuchten Lebensmittel

Die folgende Tabelle gibt eine Übersicht über die in den Jahren 1995 bis 2005 untersuchten Lebensmittel mit den dazu gehörigen Beprobungsjahren. Die Reihenfolge der Lebensmittelgruppen und die Zuordnung der Einzellebensmittel zu den Lebensmittelgruppen erfolgt in Anlehnung an die in der amtlichen Lebensmittelüberwachung verwendeten Kodierkataloge (ADV-Kataloge).

Tab. 7-1 Untersuchte Warenkorblebensmittel.

Lebensmittelgruppe	Untersuchte Lebensmittel (Jahr der Untersuchung)
Käse	Camembertkäse (1999), Emmentaler (1995), Frischkäse (2000), Gouda (1995), Schafkäse (1997), Ziegenkäse (2000)
Butter	Markenbutter (1996, 1997)
Eier	Hühnereier (2000)
Fleisch	Ente (2003), Gans (2003), Hähnchen (2000), Kalb (2001), Kaninchen (2003), Lamm (2002), Pute (1999), Rind (2002), Strauß (2002), Wildschwein (1997, 1998)
Innereien	Kalbsleber (2001), Kalbsnieren (2001), Lammleber (1996), Putenleber (1999), Rinderleber (1998), Rindernieren (2002), Schweineleber (1996, 1997), Schweinenieren (2001)
Fettgewebe	Lammnierenfett (1996), Rindernierenfett (1998), Schweineflomen (1996), Wildschweinfettgewebe (1997, 1998)
Wurstwaren, Fleischerzeugnisse	Brühwürste (2004), Kalbsleberwurst (2000), Rohschinken (2000), Rohwürste (2005), Rotwürste/Blutwürste (2000), Salami (1999, 2005)
Fisch, Fischerzeugnisse	
Seefisch	Butterfisch (2001), Hai (2001), Heilbutt (1998), Hering (1995, 1996), Kabeljau (2002), Lachs (2000), Seelachs (1995, 1996), Scholle (2001), Schwarzer Heilbutt (1998), Rotbarsch (2001)
Süßwasserfisch	Forelle (1995, 1996, 2005), Karpfen (1997, 1998, 2005)
Fischerzeugnisse	Aal geräuchert (1997), Makrele ger. (1999), Thunfisch Konserve (1999)
Krebs-, Weichtiere	Krebstiere (1995), Miesmuscheln (1998)
Fette, Öle	Olivenöl (2000)
Sojaerzeugnisse	Tofu (2002)
Getreide	Gerste (2001), Reis (2000, 2003, 2005), Roggen (1997, 1998, 2004), Weizen (1997, 1998, 1999, 2003)
Getreideerzeugnisse	Blätterteig (2005), Brotteige (2005), Hafervollkornflocken (1999), Müsli-/Getreideriegel (2005), Teigwaren (2000), Speisekleie aus Weizen (2003)
Schalenobst, Ölsamen, Hülsenfrüchte	Erdnüsse (1997, 2000, 2004), Haselnüsse (2004), Leinsamen (1999, 2005), Linsen (2001), Mandeln (2004), Mohn (2005), Pistazien (1995, 1996, 1998, 1999), Sonnenblumenkerne (2000), Walnüsse (2004)
Kartoffeln, -erzeugnisse	Kartoffeln (1998, 2002, 2005), Kartoffelbrei (2005), Kartoffelpuffer (2005), Kroketten (2005),
Frischgemüse	
Blattgemüse	Bataviasalat (1997), Bleichsellerie (1995), Chinakohl (2000), Eichblattsalat (1997), Eisbergsalat (1995, 1996, 1997, 2004), Endivie (1995, 1996), Feldsalat (1995, 1997, 2004), Grünkohl (1997), Kopfsalat (1997, 2001, 2004), Lollo rosso (1995, 1997), Rotkohl (2004), Porree (2001, 2004), Rucola (2004), Spinat (2002, 2005), Weißkohl (2003), Wirsingkohl (2000)
Sprossgemüse	Artischocke (2005), Blumenkohl (1999, 2003), Brokkoli (1997, 2005), Kohlrabi (1996), Spargel (1998), Zwiebeln (1999)
Fruchtgemüse	Aubergine (2003), Gemüsepaprika (1999, 2003), Grüne Bohnen (1995, 1996, 2002, 2005), Gurken (1995, 1996, 2000, 2003), Melonen/Honigmelonen (1999), Tomaten (2001, 2004), Zucchini (1997)

Lebensmittelgruppe	Untersuchte Lebensmittel (Jahr der Untersuchung)
Wurzelgemüse	Knollensellerie (1998), Mohrrüben/Karotten (1998, 2002, 2005), Radieschen (1995, 1996), Rettich (1995, 1996)
Gemüseerzeugnisse	Erbsen tiefgefroren (2000, 2003), Möhren-/Karottensaft (2002), Spinat tiefgefroren (1998, 2005), Tomatenmark (2000)
Pilze, Pilzerzeugnisse	Champignon-Konserve (2005), Shiitakepilze (2005), Zuchtchampignons (1999)
Frischobst	
Beerenobst	Erdbeeren (1996, 1998, 2004), Johannisbeeren (1996), Tafelweintrauben (1995, 1997, 2001)
Kernobst	Äpfel (1998, 2001, 2004), Birnen (1998, 2002, 2005)
Steinobst	Aprikosen (1998), Nektarinen (1998, 2002, 2005), Pfirsiche (1998, 2002, 2005), Pflaumen (1998), Süßkirschen (1998)
Zitrusfrüchte	Clementinen (1998), Grapefruits (1998), Mandarinen (2002, 2005), Orangen (1996, 1998, 2002, 2005), Zitronen (1996, 1997, 1998)
Exotische Früchte und Rhabarber	Ananas (2004), Bananen (1997, 2002), Kiwi (1997), Papaya (1999), Rhabarber (1999)
Obstprodukte	Apfelmus (1995), Fruchtzubereitung für Milchprodukte (2001), Sauerkirschkonserven (2000)
Fruchtsäfte	Ananassaft (2005), Apfelsaft (1995, 1996, 2005), Grapefruitsaft (2005), Johannisbeernektar (2002), Mehrfruchtsäfte (2001), Orangensaft (1995, 2004), Traubenmost (2005), Traubensaft rot (2002)
Wein	Qualitätsschaumwein (2005), Rotwein (2002), Weißwein (2001)
Bier	Vollbier (2002)
Honig/Brotaufstriche	Honig (2001), Nougatkrem (1999)
Süßwaren/Schokolade	Marzipanrohmasse (2005), Schokolade (2002), Süßwaren aus Rohmassen (2005)
Kaffee/Tee	Rohkaffee (1999, 2000), Röstkaffee (1999), Tee unfermentiert (2002), Tee fermentiert (2002)
Säuglings- und Kleinkindernahrung	Fertigmenüs für Säuglinge und Kleinkinder (2001), Milchfreie Säuglingsnahrung auf Sojabasis (2000), Milchpulverzubereitung (1999), Obstbrei (2000), Säuglingsnahrung auf Getreidebasis (2002), Vollkorn-Obstzubereitung (2000)
Gewürze/Kräuter	Paprikapulver (1997), Pfeffer schwarz, weiß (2002), Küchenkräuter (2003)
Trinkwasser	Mineralwasser (1999)

Die im Rahmen von Projekten hinsichtlich spezieller Fragestellungen untersuchten Lebensmittel sind in der folgenden Tabelle aufgeführt.

Tab. 7-2 Im Rahmen von Projekten untersuchte Lebensmittel.

Lebensmittel	Fragestellung/Stoffgruppe	Jahr	Projekt
Fisch, Fischerzeugnisse			
Binnenfische (Hecht, Plötze, Brachse, Aal, Flussbarsch, Zander)	Zinnorganische Verbindungen	2003	PSM 6
Fisch, geräuchert	Benzo(a)pyren	2005	9
Hering	Rückstände und Kontaminanten	2004	9
Muscheln/Muschelerzeugnisse	Organozinnverbindungen und Schwermetalle	2004	6
Konserven in Öl (Sardine, Thunfisch)	PAK und BTEX-Aromaten	2004	7
Lachsähnliche Fische, Dorschfische, Barschartige Fische, Plattfische	Quecksilber in Fisch aus Südostasien	2004	8
Regenbogenforelle	Polycyclische Moschusverbindungen	2004	3
Tintenfischerzeugnisse	Cadmium	2005	8
Getreide, Getreideerzeugnisse			
Brot, Knabberartikel auf Getreidebasis, Pizza, Zwieback	3-MCPD	2004	10
Frühstückscerealien, Getreideflocken und Getreideerzeugnisse mit Zusätzen	Deoxynivalenol, Zearalenon und Ochratoxin A	2004	5
Hartweizengrieß (Durum), Teigwaren, Brot	Deoxynivalenol	2003	M1

Lebensmittel	Fragestellung/Stoffgruppe	Jahr	Projekt
Maismehl, Maisgrieß, Cornflakes	Fumonisine	2003	M 3
Roggen-, Weizenmehl	Deoxynivalenol, Zearalenon und Ochratoxin A	2005	7
Fette, Öle			
Olivenöl, Weizenkeimöl, Maiskeimöl	Pflanzenschutzmittelrückstände	2003	PSM 3
Kartoffeln, Kartoffelerzeugnisse			
Kartoffeln	Glykosidalkaloide	2005	3
Gemüse, Gemüseerzeugnisse			
Basilikum, Bohnenkraut, Dill, Feldsalat, Kresse, Küchenkräuter, Petersilie, Salbei, Schnittlauch, Spinat, Thymian, Zitronenmelisse, Karotte, Knollensellerie	Herbizide	2005	10
Gemüsepaprika	Pflanzenschutzmittelrückstände	2004	2
Gurken	Organochlorverbindungen, Pflanzenschutzmittelrückstände	2005	6
Tomaten	Pflanzenschutzmittelrückstände	2005	5
Obst, Obstprodukte			
Fruchtsäfte (Trauben-, Apfel-, Birnen-, Orangen- und Mischsäfte)	Carbendazim	2005	2
Himbeere, Johannisbeere, Stachelbeere	Pflanzenschutzmittelrückstände	2004	1
Rosinen, Korinthen, Sultaninen	Ochratoxin A	2003	M 4
Tafelweintrauben rot/weiß	Pflanzenschutzmittelrückstände	2003	PSM 1
Tafelweintrauben rot/weiß	Rückstände von Benzoyl-Harnstoffen	2003	PSM 2
Säuglings- und Kleinkindernahrung			
Getreidebeikost für Säuglinge und Kleinkinder	Deoxynivalenol	2003	M 2
Säuglings- und Kleinkindernahrung	Furan	2005	1
Sonstige Lebensmittel und Kombinationen verschiedener Lebensmittelgruppen			
Weizenmehl, Maismehl, Haferflocken, Tomate, Gemüsepaprika, Karotte, Kulturpilze, Birnen	Rückstände von Chlormequat und Mepiquat	2003	PSM 4
Kaffee-Extrakte, Wein, Kakaopulver, Gewürze/Würzmittel, Traubensäfte, Säfte für Säuglinge	Ochratoxin A	2004	4
Knäckebrot, Butterkeks, Lebkuchen, Pommes gegart, Kartoffelknabbererzeugnisse, Kaffee geröstet	Acrylamid	2004	11
Brüh-, Fleischbrüherzeugnisse, Fertiggerichte, Soßenpulver, Suppen	Furan	2005	1
Nahrungsergänzungsmittel (Vitamin-, Mineralstoff-, Pflanzenextrakt- und Algenpräparate	Schwermetalle	2005	4

Erläuterungen zu den Fachbegriffen

Acrylamid
Acrylamid entsteht bei der Herstellung und Zubereitung von Lebensmitteln im gewerblichen und häuslichen Bereich. Voraussetzung für das Entstehen von Acrylamid ist das Vorhandensein von reduzierenden Zuckern (Glucose, Fructose) und der Aminosäure Asparagin im Lebensmittel. Diese Bausteine befinden sich insbesondere in Getreide und in Kartoffeln.

Acrylamid wirkt im Tierversuch Krebs erregend und Erbgut verändernd. Für die Krebs erzeugende Wirkung wird ein genotoxischer Mechanismus angenommen. Die bisher unzureichende Datenlage lässt jedoch eine abschließende Risikobewertung zum Gefährdungspotenzial von Acrylamid beim Menschen nicht zu.

Aflatoxine
Stoffwechselprodukte von Schimmelpilzen. Wärme und Feuchtigkeit fördern die Aflatoxinbildung. Sie bestehen u. a. aus den chemisch verwandten Einzelverbindungen Aflatoxin B1, B2, G1 und G2 sowie M1. Sie gelten als akut toxisch und haben bei verschiedenen Tierarten unter Anderem hepato-karzinogene Wirkungen auf der Grundlage eines genotoxischen Mechanismus. Beim Menschen wird beim Auftreten von Leberkarzinomen ein möglicher Zusammenhang mit dem Hepatitis-Virus B diskutiert. Um eine Gefährdung der Gesundheit des Menschen durch Aflatoxin kontaminierte Lebensmittel zu vermeiden, wurden Höchstgehalte (für Aflatoxin B1 2 µg/kg und für die Summe der Aflatoxine 4 µg/kg sowie für M1 in Milch 0,05 µg/kg) festgesetzt.

Akarizide
Stoffe zur Abtötung von Milben.

Benzo(a)pyren
Benzo(a)pyren ist der bekannteste Vertreter der polycyclischen aromatischen Kohlenwasserstoffe (PAK; s.dort) und gilt momentan als Leitsubstanz für diese Stoffgruppe. Dieser Stoff ist stark Krebs erregend und Erbgut schädigend.

Bestimmungsgrenze
Die geringste Menge eines Stoffes, die mengenmäßig eindeutig und sicher bestimmt (quantifiziert) werden kann, heißt „Bestimmungsgrenze". Sie ist von dem verwendeten Verfahren und den Messgeräten abhängig und liegt über der jeweiligen Nachweisgrenze. Im vorliegenden Bericht wird in der Regel nicht zwischen diesen beiden Grenzen unterschieden und alle Rückstände, die unter der Bestimmungsgrenze liegen, werden als „nicht nachgewiesen" angeführt. Diese Ungenauigkeit wird in Kauf genommen, um den Bericht verständlich und leicht lesbar zu gestalten (vgl. hierzu den Begriff „Nachweisgrenze").

Deoxynivalenol
Deoxynivalenol (DON) wird durch Stoffwechselaktivitäten von Schimmelpilzen gebildet und gehört zur Gruppe der Fusarientoxine. DON kann in allen Getreidearten auftreten, besonders in Mais und Weizen. Es ist zwar weder erbgutschädigend noch krebserregend, wirkt jedoch beim Menschen häufig akut toxisch mit Erbrechen, Durchfall und Hautreaktionen nach Aufnahme kontaminierter Nahrung. Außerdem können Störungen des Immunsystems und dadurch erhöhte Anfälligkeit gegenüber Infektionskrankheiten auftreten.

Elemente
Der Begriff „Elemente" beinhaltet im Lebensmittel-Monitoring die Schwermetalle (siehe dort) und Halbmetalle wie Arsen und Selen.

Fungizide
Stoffe, die das Wachstum von Mikropilzen (z. B. Schimmelpilzen) be- bzw. verhindern.

Furan
Furan ist ein sehr kleines Molekül, ein cyclischer Fünfring ohne Seitenkette mit Sauerstoff als Heteroatom im Ring. Der Stoff mit einem Siedepunkt von 31 °C ist sehr flüchtig und weist einen etherartigen Geruch auf. In Lebensmitteln kann Furan beim Erhitzen von Kohlenhydraten bei der sogenannten Maillard-Reaktion entstehen. Auch wenn Ascorbinsäure, Aminosäuren oder mehrfach ungesättigte Fettsäuren erhitzt werden, entsteht Furan. Besonders hoch sind die Gehalte, wenn Lebensmittel geröstet (z. B. bei Kaffeebohnen) oder in „geschlossenen Systemen" wie bei Säuglings- und Kleinkindernahrung oder Fertiggerichten erhitzt werden. Nachdem Furan 1993 im Rahmen der NTP-Studie (NTP, 1993: Toxicology and carcinogenesis studies of furan (CAS No. 110-00-9) in F344/N rats and B6C3F1 mice (gavage studies), NTP Technical Report No. 402., U.S. Department of Health and Human Services, Public Health Service, National Institutes of Health, Research Triangle Park, NC, 1993) in den USA im Tierversuch als kanzerogen eingestuft wurde, stufte auch die WHO 1995 Furan als möglicherweise Krebs erregend für den Menschen ein. Die genaue Wirkung im menschlichen Körper muss allerdings noch geklärt werden. Vermutlich wird Furan über das Cytochrom P450-System – ähnlich wie

beim Benzol – entgiftet. Das dabei intermediär entstehende cis-2-Buten-1,4-dial kann mit der DNA interagieren.

Gehaltsangaben

Die Gehalte von Rückständen werden als mg/kg (Milligramm pro Kilogramm) oder µg/kg (Mikrogramm pro Kilogramm) angegeben. Für Getränke wird die Einheit mg/l verwendet.

1 mg/kg bedeutet, dass ein Milligramm (ein tausendstel Gramm) eines Rückstandes sich in einem Kilogramm (bzw. Liter) des jeweiligen Lebensmittels befindet. Entsprechend bedeutet 1 µg/kg ein Millionstel Gramm eines Rückstandes in einem Kilogramm eines Lebensmittels.

Glykosidalkaloide

Die giftigen Glykosidalkaloide Solanin und Chaconin kommen von Natur aus in kleinen Mengen in Kartoffeln vor. In ergrünten, keimenden und beschädigten Kartoffeln können sie verstärkt gebildet werden, so dass deren Verzehr unter Umständen zu Störungen des Nerven- und Verdauungssystems führen kann. Solanin und Chaconin befinden sich vor allem in der Kartoffelschale. Beim Kochen werden sie nicht zerstört, befinden sich aber weitgehend im Kochwasser, das bei solchen Kartoffeln in jedem Falle zu verwerfen ist. Ein Gesamtalkaloid-Gehalt (Summe von Solanin und Chaconin) bis zu 200 mg/kg gilt bei Kartoffeln bislang als unbedenklich. Das Joint FAO/WHO Expert Committee on Food Additives bewertet einen Glykosidalkaloid-Gehalt von 20 bis 100 mg/kg in Kartoffeln als normal[1].

Häufig quantifizierte Stoffe

Das Kriterium für ‚häufig' ist abhängig von der Stoffgruppe und wurde angewandt, wenn für Pflanzenschutzmittelrückstände und Mykotoxine Gehalte jeweils in mehr als 10 % der Proben quantifiziert wurden, für organische Kontaminanten und Elemente erst oberhalb 50 % aller Proben.

Herbizide

Unkrautvernichtungsmittel

Histamin

Histamin ist ein biogenes Amin, das bei der bakteriellen Zersetzung aus der Aminosäure Histidin entsteht. Biogene Amine kommen in Fisch, Fleisch, Käse, Wein und verschiedenen Gemüsearten vor. In unverarbeiteten Lebensmitteln ist der Gehalt generell sehr gering, allerdings kann er durch mikrobiologische Prozesse, wie Gärung, Reifung oder Fermentation, und durch Lagerung stark ansteigen. Daher können insbesondere fermentierte Lebensmittel, zum Beispiel Sauerkraut, Bier, Wein und Käse, vor allem lang gereifte Sorten, sowie Wurst – speziell Salami und roher Schinken – viel Histamin enthalten. Dies gilt auch für unsachgemäß gelagerte, leicht verderbliche Lebensmittel wie Thunfisch oder Makrelen.

Mit der Nahrung nehmen wir im Durchschnitt täglich etwa vier Milligramm Histamin zu uns. Normalerweise ist der Organismus in der Lage, auch größere Mengen Histamin abzubauen. Liegt allerdings eine Histamin-Intoleranz vor, können bereits 15 bis 30 Mikrogramm Histamin Symptome hervorrufen. Diese Mengen sind schon in einem Viertel Liter Rotwein und einem kleinen Stück alten Gouda enthalten. In höherer Konzentration (im Allgemeinen > 1000 mg pro Mahlzeit) wirkt Histamin gesundheitsschädigend und verursacht z. B. Hautrötungen, Quaddelbildung, Kopfschmerzen, Übelkeit, Erbrechen, Durchfälle oder kann sogar lebensbedrohliche Zustände wie Atemnot auslösen.

Für weitere Informationen, auch zu den Histamingehalten einzelner Lebensmittel, s. unter http://www.was-wir-essen.de/infosfuer/histamin_intoleranz_6494.php.

HMF (5-Hydroxymethylfurfural)

Abbauprodukt von Zucker und Kohlenhydraten, das bei Überhitzung und unsachgemäßer Lagerung entstehen kann. Es steht im Verdacht, eine Erbgut verändernde und Krebs erzeugende Wirkung zu besitzen. HMF wurde in einer Vielzahl hitzebehandelter Produkte, wie Milch, Fruchtsäfte, Trockenobst, Kaffee, Spirituosen und Honig nachgewiesen. Höhere HMF-Gehalte werden vor allem in Lebensmitteln mit hohem Saccharose- und Fructoseanteil gefunden. In Trockenobst liegen z. B. die durchschnittlichen HMF-Konzentrationen zwischen 10 und 100 mg/kg, in getrockneten Pflaumen und in Pflaumenmarmelade konnten HMF-Konzentrationen bis zu 2 g/kg nachgewiesen werden[2]. Offenbar sind neben den vorherrschenden Zuckerarten und Aminosäuren auch Fruchtsäuren von besonderer Bedeutung für die HMF-Bildung. In handelsübliche Kaffeesorten wurden Konzentrationen zwischen 300 bis 2000 mg/kg festgestellt, mehr als die Hälfte wiesen HMF-Gehalte über 1 g/kg auf.

Höchstgehalt

Höchstgehalte sind in der EU-Gesetzgebung festgeschriebene, höchstzulässige Mengen für Pflanzenschutzmittelrückstände und Kontaminanten in oder auf Lebensmitteln, die beim gewerbsmäßigen Inverkehrbringen nicht überschritten werden dürfen. Sie werden unter Zugrundelegung strenger international anerkannter wissenschaftlicher Maßstäbe so niedrig wie möglich und niemals höher als toxikologisch vertretbar festgesetzt.

Verantwortlich für die Einhaltung von Höchstgehalten ist in erster Linie der in der EU ansässige Hersteller/Erzeuger bzw. bei der Einfuhr aus Drittländern der in der EU ansässige Importeur. Die amtliche Lebensmittelüberwachung kontrolliert stichprobenweise das Lebensmittelangebot auf die Einhaltung der Höchstgehalte.

Der gleichbedeutende Begriff Höchstmenge wird in Deutschland noch in verschiedenen Verordnungen, so z. B. in der Rückstands-Höchstmengenverordnung (RHmV) für die rechtliche Regelung von Rückständen von Pflanzenschutzmitteln in und auf Lebensmitteln verwendet.

Insektizide

Insektenbekämpfungsmittel

---

[1] Summary of Evaluations Performed by the Joint FAO/WHO Expert Committee on Food Additives, http://www.inchem.org/documents/jecfa/jeceval/jec_2180.htm, http://www.inchem.org/documents/jecfa/jeceval/jec_399.htm, 1992

[2] Murkovich M. und Pichler N. (2006) Analysis of 5-hydroxymethylfurfural in coffee, dried fruits and urine. Mol. Nutr. Food Res. 50:842-846.

Kontaminant
Jeder Stoff, der dem Lebensmittel nicht absichtlich zugesetzt wird, jedoch als Rückstand der Gewinnung (einschließlich der Behandlungsmethoden im Ackerbau, Viehzucht und Veterinärmedizin), Umwandlung, Zubereitung, Verarbeitung, Verpackung, Transport und Lagerung sowie infolge von Umwelteinflüssen im Lebensmittel vorhanden ist. Der Begriff umfasst nicht die Überreste von Insekten, Haare von Nagetieren und andere Fremdkörper.

Kontamination
Die Verunreinigung der Lebensmittel mit unerwünschten Stoffen.

Kontaminationsgrad
Zur Festsetzung des Kontaminationsgrades eines Erzeugnisses wird der Anteil der Proben mit Gehalten über den jeweiligen Höchstgehalten (HG) bzw. Höchstmengen zu Grunde gelegt und entsprechend folgender Skalierung bewertet:

Bewertung	Anteil > HG (in %)
1 – kein	Anteil = 0
2 – gering	0 < Anteil <= 5
3 – mittelgradig	5 < Anteil <= 10
4 – erhöht	10 < Anteil <= 15
5 – hoch	Anteil > 15

Ähnliche Kriterien werden angelegt, um die Höhe der Gehalte oder die Anteile der Proben mit nachgewiesenen Gehalten zu bewerten.

KÜP-Empfehlung
Das Koordinierte Überwachungsprogramm (KÜP) beruht auf Empfehlungen der EU an die Mitgliedsstaaten zur Einhaltung der Rückstandshöchstgehalte von Pflanzenschutz- und Schädlingsbekämpfungsmitteln auf und in Getreide und bestimmten anderen Erzeugnissen pflanzlichen Ursprungs. Durch Einhaltung dieser Empfehlungen wird die Repräsentativität und Vergleichbarkeit der Ergebnisse gesichert. Die Empfehlung für 2005 ist veröffentlicht unter: „Empfehlung der Kommission vom 1. März 2005 betreffend ein koordiniertes Kontrollprogramm der Gemeinschaft für das Jahr 2005 zur Sicherung der Einhaltung der Rückstandshöchstgehalte von Schädlingsbekämpfungsmitteln auf und in Getreide und bestimmten anderen Erzeugnissen pflanzlichen Ursprungs sowie betreffend nationale Kontrollprogramme für das Jahr 2006" im Amtsblatt der Europäischen Union Nr. L 61/31; 8.3.2005.

Median
Der Median ist derjenige Zahlenwert, der die Reihe der nach ihrer Größe geordneten Messwerte halbiert. Das bedeutet, die eine Hälfte der Messwerte liegt unter dem Median, die andere Hälfte darüber.

Der Median wird vorzugsweise zur Charakterisierung von asymmetrischen Verteilungen, zu denen die Stoffkonzentrationen in Lebensmitteln in der Regel gehören, genutzt. Die Angabe eines Medians ist bei Einbeziehung aller Proben (auch solcher ohne quantifizierte Gehalte) nur sinnvoll, wenn mindestens die Hälfte der Proben quantifizierte Gehalte aufweisen, andernfalls ist der Median per Definition 0.

Metaboliten
Umwandlungsprodukte von chemischen Verbindungen, ausgelöst durch chemische Prozesse oder durch Stoffwechselvorgänge.

Mittelwert
Der Mittelwert ist eine statistische Maßzahl, die zur Charakterisierung von Daten dient. Im vorliegenden Bericht wird ausschließlich der arithmetische Mittelwert benutzt. Er berechnet sich als Summe der Messwerte geteilt durch ihre Anzahl.

Moschusverbindungen
Als synthetische Moschusduftstoffe (= Ersatzstoffe für den natürlichen Moschus) wurden zunächst die leicht herzustellenden, billigen Nitromoschusverbindungen wie Moschus-Xylol und Moschus-Keton verwendet. Nach bekannt werden der mit dieser Stoffgruppe verbundenen toxikologischen Risiken ist ihre Verwendung stark eingeschränkt worden. Als Folge davon hat die Konzentration dieser Substanzen in Umwelt- und Lebensmittelproben während der letzten Jahre erfreulicherweise erkennbar abgenommen.

Als Ersatzstoffe für Nitromoschusverbindungen hat man – in der Annahme ökologischer bzw. toxikologischer Unbedenklichkeit – auf polycyclische Moschusverbindungen zurückgegriffen. Mittlerweile ist jedoch erwiesen, dass auch Vertreter dieser Stoffgruppe – allen voran die Verbindungen Galaxolid und Tonalid – in der aquatischen Nahrungskette angereichert werden können. Rückstände werden sowohl in Seefischen als auch in Süßwasserfischen angetroffen. Da toxische Wirkungen u.U. auch von bestimmten polycyclischen Moschusverbindungen ausgehen können, sollten sie bis auf weiteres in Überwachungsprogrammen und -maßnahmen berücksichtigt werden. Gesetzliche Regelungen zu ihrer Beurteilung stehen zzt. nicht zur Verfügung.

Mykotoxine
Mykotoxine sind durch Stoffwechselaktivitäten einiger Schimmelpilze gebildete toxische Stoffe mit sehr unterschiedlicher chemischer Struktur, die sich auf Lebens- und Futtermitteln bilden können. Sie entstehen entweder durch pflanzenpathogene oder apathogene Pilze während des Wachstums der Kulturpflanzen oder durch sog. Lagerpilze während der Lagerung oder Verarbeitung. Wärme und Feuchtigkeit fördern die Mykotoxin-Bildung. Mykotoxine gehören nach den Erkenntnissen der Toxikologie zu den am stärksten toxischen Stoffen, die in Lebensmitteln und Futtermitteln vorkommen können. Bekannte Vertreter sind u. a. die Aflatoxine sowie Fusarientoxine und Ochratoxin A (OTA).

Nachweisgrenze
Bei der chemischen Analyse unerwünschter Stoffe, z. B. Pflanzenschutzmittel, werden komplizierte und aufwändige Verfahren und Geräte eingesetzt. Es liegt in der Natur der Sache, dass es eine unterste Grenze für den qualitativen Nachweis

gibt. Ist weniger Stoff in dem Lebensmittel enthalten, so kann man ihn nicht mehr feststellen. Diese Mindestmenge wird „Nachweisgrenze" genannt (vgl. hierzu den Begriff „Bestimmungsgrenze").

Nitrat, Nitrit, Nitrosamine

Nitrat ist ein natürlich im Boden vorkommender Stoff. Die Pflanze benötigt ihn zu ihrem Wachstum, er wird daher im Wesentlichen durch Düngung dem Boden zugeführt. In höheren Mengen, z. B. bei Überdüngung, kann der Nitratanteil in der Pflanze sehr hoch sein. Der Nitratgehalt wird aber auch beeinflusst von der Pflanzenart, dem Erntezeitpunkt, der Witterung und den klimatischen Bedingungen. Der Faktor Licht spielt dabei eine entscheidende Rolle. So sind in der Regel in den lichtärmeren Monaten die Nitratgehalte höher.

Im menschlichen Magen-Darm-Trakt kann Nitrat zum Nitrit reduziert werden, aus dem durch Reaktion mit Eiweißstoffen Nitrosamine gebildet werden können. Nitrosamine sind im Tierversuch krebserregend.

Zur Beurteilung der Höhe der Nitrat-Gehalte werden Gehaltsklassen gebildet:

Gehaltsklasse	Kriterium
1 – sehr niedrig	Mittelwert <= 0.10 * BW
2 – niedrig	0.10 * BW < Mittelwert <= 0.25 * BW
3 – mittelgradig	0.25 * BW < Mittelwert <= 0.50 * BW
4 – erhöht	0.50 * BW < Mittelwert <= 0.75 * BW
5 – hoch	Mittelwert > 0.75 * BW

Es wird hier der arithmetische Mittelwert als Kennzeichnung der Gehaltshöhe herangezogen, der mit einem Bezugswert (BW) verglichen wird. Als Bezugswert fungiert der Höchstgehalt. Für Gemüsearten, für die es keinen Höchstgehalt gibt, wird ein Bezugswert in Abhängigkeit von der potenziellen Kontamination der betreffenden Obst- und Gemüseart folgendermaßen festgelegt:

Gruppe	Vertreter	Bezugswert (mg/kg)
geringe Nitratbelastung	Blumenkohl, Erbsen, Gurke, Gemüsepaprika, Tomate, Grüne Bohne, Kartoffeln, Zwiebel, Obst	500
Mittlere Nitratbelastung	Möhren, Knollensellerie, Kohlsorten, Lauch, Rhabarber	1000
Hohe Nitratbelastung	Blatt- und Kopfsalat, Chinakohl, Spinat, Kohlrabi, Rettich, Rote Bete, Bleichsellerie	4000

Ochratoxin A

Stoffwechselprodukt von Schimmelpilzen mit leber- und nierenschädigender Wirkung. Wärme und Feuchtigkeit fördern die Ochratoxinbildung. Es kommt vorwiegend in Getreide, Kaffeebohnen und ölhaltigen Samen vor. In Lebensmitteln tierischer Herkunft, z. B. Milch, kann es nachgewiesen werden, wenn die Tiere mit Ochratoxin-haltigem Futter gefüttert wurden.

Organochlorverbindungen (Persistente Chlorkohlenwasserstoffe)

Beständige Stoffe, die nur schwer abbaubar sind. Durch ihre Beständigkeit (Persistenz) können sie als Rückstände in Lebensmitteln vorkommen. Beispiele sind HCB, DDT, aber auch PCB. Neben den DDT-Isomeren werden häufig auch deren Abbauprodukte DDD und DDE gefunden.

Patulin

Stoffwechselprodukt von Schimmelpilzen in Obst. Es kommt insbesondere in Obsterzeugnissen vor, wenn zur Herstellung kein einwandfreies Obst verwendet wurde. Im Tierversuch verursacht Patulin, in größeren Mengen über längere Zeit aufgenommen, Gewichtsverlust und Schäden an der Magen/Darmschleimhaut. Darüber hinaus gibt es Hinweise auf eine genotoxische Wirkung.

PCB (Polychlorierte Biphenyle)

wurden früher industriell viel verwendet (z. B. technische Öle, Wärmeüberträger, Weichmacher für Kunststoffe). PCB ist ein Gemisch aus einer Vielzahl von Einzelverbindungen (Kongenere) unterschiedlichen Chlorierungsgrades. PCBs werden schwer abgebaut und gelangen über Boden, Wasser und Futtermittel in die menschliche Nahrungskette. In Lebensmitteln tierischer Herkunft häufig anzutreffen sind die Kongenere PCB 138, PCB 153, PCB 180.

Perzentil

Perzentile sind Werte, die, wie der Median, die Reihe der nach ihrer Größe geordneten Messwerte teilen. So ist z. B. das 90. Perzentil der Wert, unter dem 90 % der Messwerte liegen; zehn Prozent hingegen liegen über dem 90. Perzentil.

Pflanzenschutzmittel (PSM)

Sie werden im Rahmen der landwirtschaftlichen Produktion eingesetzt, um die Pflanzen vor Schadorganismen und Krankheiten zu schützen. Sie ermöglichen somit Erntegüter vor Verderb zu schützen und die Erträge sicherzustellen. Der Verbraucher wird durch bestehende Regelungen bei der Zulassung und den Rückstandskontrollen wirksam geschützt. Durch die Zulassung wird sichergestellt, dass Pflanzenschutzmittel bei sachgemäßer Anwendung keine gesundheitlichen Risiken auf Mensch und Tier ausüben. Überhöhte Rückstände treten vor allem bei nicht sachgerechter Anwendung auf. Nach Einsatzgebieten unterscheidet man Insektizide, Fungizide, Herbizide, Akarizide und andere.

Polycyclische aromatische Kohlenwasserstoffe (PAK)

PAK ist eine Sammelbezeichnung für mehrere hundert Einzelverbindungen von kondensierten aromatischen Kohlenwasserstoffen. PAK entstehen als unerwünschte Nebenprodukte bei unvollständigen Verbrennungsprozessen und beim Erhitzen unter Luftabschluss und können sich somit auch in Lebensmitteln beim Erhitzen, Trocknen und Räuchern bilden, wenn Verbrennungsrückstände direkt mit ihnen in Kontakt kommen. Einige der PAKs sind Krebs erzeugend oder schädigen den menschlichen Organismus in unterschiedlicher Weise, die meisten besitzen einen eindringlichen Geruch. Der bekannteste, gesundheitlich relevante Vertreter der PAK ist Benzo(a)pyren (BaP). Diese Verbindung wird häufig als Bezugsstoff bei der analytischen Erfassung und der toxikologischen Beurteilung von PAK-Kontaminationen herangezogen.

Zur erweiterten toxikologischen Bewertung können zusätzlich die sog. „schweren" PAK hinzugezogen werden. Zu den insgesamt 6 Vertretern dieser Gruppe gehören neben Benzo(a)pyren die Verbindungen Dibenzo(a,h)anthracen, Benzo(b)fluoranthen, Benzo(k)fluoranthen, Benzo(ghi)perylen und Indeno(1,2,3,c,d)pyren.

Quantifizierte Gehalte
Liegt die Konzentration eines Stoffes in einer Größenordnung, so dass sie mit der gewählten analytischen Methode zuverlässig bestimmt werden konnte, so ist diese Konzentration ein quantifizierter Gehalt (vgl. hierzu auch den Begriff „Bestimmungsgrenze").

Schnellwarnsystem (RASFF)
Wenn Lebens- oder Futtermittel verunreinigt sind oder andere Risiken für den Verbraucher von ihnen ausgehen können, muss sofort gehandelt werden. Für die schnelle Weitergabe von Informationen innerhalb der Europäischen Union (EU) sorgt das Schnellwarnsystem RASFF (Rapid Alert System Food and Feed) für Lebens- und Futtermittel, dessen Rechtsgrundlage der Artikel 50 der EG-Verordnung Nr. 178/2002 ist. Das Bundesamt für Verbraucherschutz und Lebensmittelsicherheit (BVL) ist die nationale Kontaktstelle für das Schnellwarnsystem. Das BVL nimmt Meldungen der Bundesländer über bestimmte Produkte entgegen, von denen Gefahren für die Verbraucherinnen und Verbraucher ausgehen können. Nach einem vorgeschriebenen Verfahren werden diese Meldungen geprüft, ergänzt und an die Mitgliedstaaten der Europäischen Union weitergeleitet. Andersherum unterrichtet das Bundesamt die zuständigen obersten Landesbehörden über Meldungen, die von Mitgliedstaaten in das Schnellwarnsystem eingestellt wurden.

Schwermetalle
Als Schwermetalle werden Metalle ab einer Dichte von 4,5 g/cm^3 bezeichnet. Bekannte Vertreter sind Blei, Cadmium, Quecksilber und Zinn. Bei der Verunreinigung von Lebensmitteln sind in geringerem Maße auch Nickel, Thallium und Zink relevant. Schwermetalle können durch Luft, Wasser und Boden aber auch im Zuge der Be- und Verarbeitung in die Lebensmittel gelangen. Zur Beurteilung der Gehalte wurden sowohl die Bestimmungen der Kontaminanten-Höchstgehaltsverordnung VO (EG) 466/2001, der Schadstoff-Höchstmengenverordnung (SHmV) für Quecksilber sowie für Kupfer und Quecksilber auch die Rückstands-Höchstmengenverordnung (RHmV) herangezogen.

Toxizität/toxisch
Giftigkeit/giftig

Ubiquitär
Überall verbreitet

Zearalenon
Zearalenon wird als Stoffwechselprodukt der Fusarienpilze (*Fusarium graminearum*) gebildet. Es besitzt östrogene und anabolische Wirksamkeit; seine akute Toxizität wird als gering eingeschätzt. Zearalenon entsteht vor allem in Mais und Getreide bei kühlen, feuchten Temperaturen. Seit 2004 gilt für Getreideerzeugnisse eine Höchstmenge von 50 μg/kg.

Adressen der für das Monitoring zuständigen Ministerien und federführende Bundesbehörde

Bund:
Bundesministerium für Ernährung, Landwirtschaft und Verbraucherschutz
Postfach 14 02 70
53107 Bonn
Telefax: 01888/529 4262
E-Mail: 313@bmelv.bund.de

Federführende Bundesbehörde:
Bundesamt für Verbraucherschutz und Lebensmittelsicherheit, Dienstsitz Berlin,
Postfach 10 02 14
10562 Berlin
Telefax: 030/18444 89999
E-Mail: poststelle@bvl.bund.de

Länder:
Ministerium für Ernährung und Ländlichen Raum
Baden-Württemberg
Kernerplatz 10
70182 Stuttgart
Telefax: 0711/126 2255
E-Mail: poststelle@mlr.bwl.de

Bayerisches Staatsministerium für Umwelt, Gesundheit und Verbraucherschutz
Rosenkavalierplatz 2
81925 München
Telefax: 089/9214 3505
E-Mail: poststelle@stmugv.bayern.de

Senatsverwaltung für Gesundheit, Soziales und Verbraucherschutz
Oranienstr. 106
10969 Berlin
Telefax: 030/9028 2060
E-Mail: poststelle@sengsv.verwalt-berlin.de

Ministerium für Landwirtschaft, Umweltschutz und Raumordnung des Landes Brandenburg
Postfach 60 11 50
14411 Potsdam
Telefax: 0331/866 4069
E-Mail: poststelle@mlur.brandenburg.de

Senator für Arbeit, Frauen, Gesundheit, Jugend und Soziales
Bahnhofplatz 29
28195 Bremen
Telefax: 0421/361 4808
E-Mail: veterinaerwesen@gesundheit.bremen.de

Behörde für Familie, Soziales, Gesundheit und Verbraucherschutz
Amt für Gesundheit und Verbraucherschutz
Billstr. 80a
20359 Hamburg
Telefax: 040/428 37 2401
E-Mail: inga.ollroge@bsg.hamburg.de

Hessisches Ministerium für Umwelt, ländlichen Raum und Verbraucherschutz
Mainzer Str. 80
65189 Wiesbaden
Telefax: 0611/4478 9771
E-Mail: poststelle@hmulv.hessen.de

Ministerium für Ernährung, Landwirtschaft, Forsten und Fischerei Mecklenburg-Vorpommern
Paulshöher Weg 1
19061 Schwerin
Telefax: 0385/588 6025
E-Mail: lm-presse@mvnet.de

Niedersächsisches Ministerium für den ländlichen Raum, Ernährung, Landwirtschaft und Verbraucherschutz
Calenberger Str. 2
30169 Hannover
Telefax: 0511/120 2385
E-Mail: poststelle@ml.niedersachsen.de

Ministerium für Umwelt, Naturschutz, Landwirtschaft und Verbraucherschutz des Landes Nordrhein-Westfalen
Schwannstr. 3
40476 Düsseldorf
Telefax: 0211/456 6388
E-Mail: poststelle@munlv.nrw.de

Ministerium für Umwelt, Forsten und Verbraucherschutz
Kaiser-Friedrich-Str. 1
55116 Mainz
Telefax: 06131/164 608
E-Mail: poststelle@mufv.rlp.de

Ministerium für Frauen, Arbeit, Gesundheit und Soziales
Postfach 10 24 53
66024 Saarbrücken
Telefax: 0681/501 3335
E-Mail: poststelle@soziales.saarland.de

Sächsisches Staatsministerium für Soziales
Albertstr. 10
01097 Dresden
Telefax: 0351/564 5770
E-Mail: poststelle@sms.sachsen.de

Ministerium für Gesundheit und Soziales des Landes Sachsen-Anhalt
Turmschanzenstr. 25
39114 Magdeburg
Telefax: 0391/567 4688
E-Mail: poststelle@ms.Isa-net.de

Ministerium für Landwirtschaft, Umwelt und ländliche Räume des Landes Schleswig-Holstein
Mercatorstraße 3
24106 Kiel
Telefax: 0431/988 5246
E-Mail: poststelle@MLUR.landsh.de

Thüringer Ministerium für Soziales, Familie und Gesundheit
Postfach 90 03 54
99106 Erfurt
Telefax: 0361/379 8850
E-Mail: poststelle@tmsfg.thueringen.de

Übersicht der für das Monitoring zuständigen Untersuchungseinrichtungen der Länder

Baden-Württemberg
Chemisches und Veterinäruntersuchungsamt, Freiburg

Chemisches und Veterinäruntersuchungsamt, Karlsruhe

Chemisches und Veterinäruntersuchungsamt, Sigmaringen

Chemisches und Veterinäruntersuchungsamt, Stuttgart, Sitz Fellbach

Bayern
Bayerisches Landesamt für Gesundheit und Lebensmittelsicherheit, Erlangen

Bayerisches Landesamt für Gesundheit und Lebensmittelsicherheit, Dienststelle Oberschleißheim

Berlin
Berliner Betrieb für Zentrale Gesundheitliche Aufgaben (BBGes) – Institut für Lebensmittel, Arzneimittel und Tierseuchen (ILAT)

Brandenburg
Landesamt für Verbraucherschutz und Landwirtschaft, Laborbereich Potsdam

Landesamt für Verbraucherschutz und Landwirtschaft, Laborbereich Frankfurt/Oder

Bremen
Landesuntersuchungsamt für Chemie, Hygiene und Veterinärmedizin

Hamburg
Institut für Hygiene und Umwelt
Hamburger Landesinstitut für Lebensmittelsicherheit, Gesundheitsschutz und Umweltuntersuchungen

Hessen
Landesbetrieb Hessisches Landeslabor, Standort Kassel

Landesbetrieb Hessisches Landeslabor, Standort Wiesbaden

Mecklenburg-Vorpommern
Landesveterinär- und Lebensmitteluntersuchungsamt Mecklenburg-Vorpommern, Rostock

Niedersachsen
Niedersächsisches Landesamt für Verbraucherschutz und Lebensmittelsicherheit, Lebensmittelinstitut Braunschweig

Niedersächsisches Landesamt für Verbraucherschutz und Lebensmittelsicherheit, Lebensmittelinstitut Oldenburg

Niedersächsisches Landesamt für Verbraucherschutz und Lebensmittelsicherheit, Institut für Fischkunde Cuxhaven

Niedersächsisches Landesamt für Verbraucherschutz und Lebensmittelsicherheit, Veterinärinstitut Hannover

Niedersächsisches Landesamt für Verbraucherschutz und Lebensmittelsicherheit, Veterinärinstitut Oldenburg, Außenstelle Stade

Nordrhein-Westfalen
Chemisches und Lebensmitteluntersuchungsamt der Stadt Aachen

Staatliches Veterinäruntersuchungsamt Arnsberg

Chemisches Untersuchungsamt der Stadt Bochum

Amt für Umweltschutz und Lokale Agenda der Stadt Bonn

Chemisches und Veterinäruntersuchungsamt Ostwestfalen-Lippe, Detmold

Chemisches und Lebensmitteluntersuchungsamt der Stadt Dortmund

Chemisches Lebensmitteluntersuchungsamt der Stadt Düsseldorf

Chemisches und Geowissenschaftliches Institut der Städte Essen und Oberhausen

Chemisches Untersuchungsamt der Stadt Hagen

Chemisches Untersuchungsamt der Stadt Hamm

Institut für Lebensmittel- und Umweltuntersuchungen der Stadt Köln

Chemisches Untersuchungsinstitut der Stadt Leverkusen

Amt für Verbraucherschutz des Kreises Mettmann

Institut für Lebensmitteluntersuchungen und Umwelthygiene für die Kreise Wesel und Kleve, Moers

Chemisches Landes- und Staatliches Veterinäruntersuchungsamt, Münster

Gemeinsames Chemisches und Lebensmitteluntersuchungsamt für den Kreis Recklinghausen und die Stadt Gelsenkirchen in der Emscher-Lippe-Region (CEL), Recklinghausen

Chemisches Untersuchungsinstitut Bergisches Land Wuppertal

Rheinland-Pfalz
Landesuntersuchungsamt Rheinland-Pfalz
Institut für Lebensmittel tierischer Herkunft Koblenz

Landesuntersuchungsamt Rheinland-Pfalz
Institut für Lebensmittelchemie und Arzneimittelprüfung Mainz

Landesuntersuchungsamt Rheinland-Pfalz, Institut für Lebensmittelchemie Speyer

Landesuntersuchungsamt Rheinland-Pfalz, Institut für Lebensmittelchemie Trier

Saarland
Landesamt für Soziales, Gesundheits- und Verbraucherschutz Saarbrücken

Sachsen
Landesuntersuchungsanstalt für das Gesundheits- und Veterinärwesen Sachsen, Standort Chemnitz

Landesuntersuchungsanstalt für das Gesundheits- und Veterinärwesen Sachsen, Standort Dresden

Landesuntersuchungsanstalt für das Gesundheits- und Veterinärwesen Sachsen, Standort Leipzig

Sachsen-Anhalt
Landesamt für Verbraucherschutz Sachsen-Anhalt, Standorte Halle und Stendal

Schleswig-Holstein
Landeslabor Schleswig-Holstein, Neumünster
Landeslabor Schleswig-Holstein, Außenstelle Kiel I

Thüringen
Thüringer Landesamt für Lebensmittelsicherheit und Verbraucherschutz, Standort Bad Langensalza

Thüringer Landesamt für Lebensmittelsicherheit und Verbraucherschutz, Standort Erfurt

Thüringer Landesamt für Lebensmittelsicherheit und Verbraucherschutz, Standort Jena

GPSR Compliance
The European Union's (EU) General Product Safety Regulation (GPSR) is a set of rules that requires consumer products to be safe and our obligations to ensure this.

If you have any concerns about our products, you can contact us on

ProductSafety@springernature.com

In case Publisher is established outside the EU, the EU authorized representative is:

Springer Nature Customer Service Center GmbH
Europaplatz 3
69115 Heidelberg, Germany